"十三五"职业教育国家规划教材

浙江省普通高校
新形态教材项目

高等教育BIM技术应用系列创新规划教材

BIM 建筑信息模型 ——Revit 操作教程

柴美娟　徐卫星　赵　丹　编著

U0338681

清华大学出版社
北　京

内 容 简 介

本书以 Autodesk Revit 为工具，以实际工程项目为载体，指导学习者进行 BIM 信息建模。全书共有 13 章。第 1 章为 Revit 介绍，讲解 Revit 的安装、视图界面和图元的基本操作。第 2 ~ 11 章以某工程项目从建立标高轴网到图纸输出的整个建模过程为例介绍 Revit 的建模操作方法，包括创建标高、轴网，结构布置，创建墙体、门、窗，创建楼板、天花板、屋顶，创建楼梯、洞口、坡道、栏杆，室内家具、卫浴布置，室外场地布置，渲染与漫游，图纸输出。第 12 章为 Revit 的族制作方法介绍。第 13 章为 Revit 的概念体量模型制作方法介绍。

本书是一本建筑信息建模入门级图书，面向具备一定土建专业知识但没有 BIM 建模经验的读者，旨在帮助他们掌握使用 Revit 进行 BIM 建模的技能，较适合于土建大类各专业学生和初学 BIM 建模的职场工作人员。

图书在版编目（CIP）数据

BIM 建筑信息模型：Revit 操作教程 / 柴美娟，徐卫星，赵丹编著 . —北京：清华大学出版社，2019（2022.1重印）

（高等教育 BIM 技术应用系列创新规划教材）

ISBN 978-7-302-53609-3

Ⅰ . ① B… Ⅱ . ① 柴… ② 徐… ③ 赵… Ⅲ . ① 建筑设计－计算机辅助设计－应用软件－高等学校－教材 Ⅳ . ① TU201.4

中国版本图书馆 CIP 数据核字（2019）第 170887 号

责任编辑：杜　晓
封面设计：曹　来
责任校对：袁　芳
责任印制：宋　林

出版发行：清华大学出版社
　　　　　网　　　址：http://www.tup.com.cn，http://www.wqbook.com
　　　　　地　　　址：北京清华大学学研大厦A座　　　　　邮　　编：100084
　　　　　社 总 机：010-62770175　　　　　邮　　购：010-62786544
　　　　　投稿与读者服务：010-62776969，c-service@tup.tsinghua.edu.cn
　　　　　质量反馈：010-62772015，zhiliang@tup.tsinghua.edu.cn
　　　　　课件下载：http://www.tup.com.cn，010-62770175-4278
印 装 者：三河市铭诚印务有限公司
经　　销：全国新华书店
开　　本：185mm×260mm　　　印　张：15.5　　　字　数：317千字
版　　次：2019年8月第1版　　　印　次：2022 年 1 月第 6 次印刷
定　　价：46.00元

产品编号：084363-01

丛书编写指导委员会名单

顾　问：杜国城
主　任：胡兴福
副主任：胡六星　丁　岭
委　员：（按姓氏拼音字母排列）

鲍东杰	程　伟	杜绍堂	冯　钢
关　瑞	郭保生	郭起剑	侯洪涛
胡一多	华　均	黄春蕾	刘孟良
刘晓敏	刘学应	齐景华	时　思
斯　庆	孙　刚	孙曰波	孙仲健
王　斌	王付全	王　群	吴立威
吴耀伟	夏清东	袁建刚	张　迪
张学钢	郑朝灿	郑　睿	祝和意
子重仁			

秘　书：杜　晓

序

BIM（Building Information Modeling，建筑信息模型）源于欧美国家，21世纪初进入中国。它通过参数模型整合项目的各种相关信息，在项目策划、设计、施工、运行和维护的全生命周期过程中进行共享和传递，为各方建设主体提供协同工作的基础，在提高生产效率、节约成本和缩短工期方面发挥着重要的作用，在设计、施工、运维方面很大程度上改变了传统模式和方法。目前，我国已成为全球BIM技术发展最快的国家之一。

建筑业信息化是建筑业发展战略的重要组成部分，也是建筑业转变发展方式、提质增效、节能减排的必然要求。为了增强建筑业信息化的发展能力，优化建筑信息化的发展环境，加快推动信息技术与建筑工程管理发展的深度融合，2016年9月，住房和城乡建设部发布了《2016—2020年建筑业信息化发展纲要》，提出："建筑企业应积极探索'互联网＋'形势下管理、生产的新模式，深入研究BIM、物联网等技术的创新应用，创新商业模式，增强核心竞争力，实现跨越式发展。"可见，BIM技术被上升到了国家发展战略层面，必将带来建筑行业广泛而深刻的变革。BIM技术对建筑全生命周期的运营管理是实现建筑业跨越式发展的必然趋势，同时，也是实现项目精细化管理、企业集约化经营的最有效途径。

然而，人才缺乏已经成为制约BIM技术进一步推广应用的瓶颈，培养大批掌握BIM技术的高素质技术技能人才成为工程管理类专业的使命和机遇，这对工程管理类专业教学改革特别是教学内容改革提出了迫切要求。

教材是体现教学内容和教学要求的载体，在人才培养中起着重要的基础性作用，优秀的教材更是提高教学质量、培养优秀人才的重要保证。为了满足工程管理类专业教学改革和人才培养的需求，清华大学出版社借助清华大学一流的学科优势，聚集全国优秀师资，启动基于BIM技术应用的专业信息化教材建设工作。该系列教材具有以下特点。

（1）规范性。本系列教材以专业目录和专业教学标准为依据，同时参照各院校的教学实践。

（2）科学性。教材建设遵循教育的教学规律，开发理实一体化教材，内容选取、结构安排体现职业性和实践性特色。

（3）灵活性。鉴于我国地域辽阔，自然条件和经济发展水平差异很大，本系列教材编写了不同课程体系的教材，以满足各院校的个性化需求。

（4）先进性。教材建设体现新规范、新技术、新方法，以及最新法律、法规及行业相关规定，不仅突出了 BIM 技术的应用，而且反映了装配式建筑、PPP、营改增等内容。同时，配套开发数字资源（包括但不限于课件、视频、图片、习题库等），80% 的图书配套有富媒体素材，通过二维码的形式链接到出版社平台，供学生扫描学习。

教材建设是一项浩大而复杂的千秋工程，为培养建筑行业转型升级所需的合格人才贡献力量是我们的夙愿。BIM 技术在我国的应用尚处于起步阶段，在教材建设中有许多课题需要探索，本系列教材难免存在不足，恳请专家和读者批评、指正，希望更多的同人与我们共同努力！

丛书主任　胡兴福
2018 年 1 月

前　言

BIM 全称为 Building Information Modeling，即建筑信息模型，是继 CAD 之后，建筑领域的第二次信息革命，自面世以来已席卷工程建设行业，引发了史无前例的变革。BIM 基于三维数字设计解决方案，构建"可视化"的数字建筑模型。BIM 能够优化团队协作，支持建筑师与工程师、承包商、建造人员与业主更加清晰、可靠地沟通设计意图。通过数字信息仿真模拟建筑物所具有的真实信息，为建筑施工、房地产等各环节工作人员提供"模拟和分析"的协同工作平台，帮助他们利用三维数字模型对项目进行设计建筑及运营管理，最终使整个工程项目在设计、施工和使用等阶段都能够有效地节省能源、节约成本、提高效率。

近年来，BIM 技术的应用在我国也广泛受到重视，住建部早在"十二五"期间就明确提出基本实现建筑行业信息系统的普及应用，加快 BIM 技术在工程中的应用。2016 年，住建部在《住房城乡建设事业"十三五"规划纲要》中指出，快速推动装配式建筑与信息化深度整合，推进建筑信息模型（BIM）、基于网络的协同工作等信息技术的应用，将 BIM 技术的应用和发展推向了一个新的发展阶段。

Autodesk Revit 软件专为建筑信息模型而构建。该软件能够帮助在项目设计流程前期探究最新颖的设计概念和外观，并能在整个施工文档中忠实地传达设计理念，支持可持续设计、碰撞检测、施工规划和建造，同时帮助建筑师与工程师、承包商、建造人员与业主更好地沟通协作。设计过程中的所有变更都会在相关设计与文档中自动更新，实现更加协调一致的流程，获得更加可靠的设计文档。

本书由浙江工商职业技术学院建筑工程学院三位教师编写，具体分工如下：第 1 章由赵丹完成，第 2~11 章由柴美娟完成，第 12、13 章由徐卫星完成。配套操作微视频由柴美娟、徐卫星录制完成。

为方便教师教学和学生学习，本书配套相应的教学微视频、网络慕课课程、Revit 建模阶段性成果文件、CAD 图纸、作业、BIM 考级试卷等数字资源。学生可直接扫描书中的二维码就可观看视频，边看边操作，同时本书还提供了每一章节操作后的 Revit 建模成果文件，供初学者对比学习，提高学习效率。

由于编著者水平有限，书中不足之处在所难免，恳请读者批评、指正。

编著者

2019 年 4 月

目　　录

第1章　进入 Revit 的世界

1.1　认识 Revit 2018

1.1.1　BIM 介绍

建筑信息模型（BIM）的英文全称是 Building Information Modeling，是一个完备的信息模型，能够将工程项目在全生命周期中各个不同阶段的工程信息、过程和资源集成在一个模型中，方便地被工程各参与方使用。通过三维数字技术模拟建筑物所具有的真实信息，为工程设计和施工提供相互协调、内部一致的信息模型，使该模型达到设计与施工的一体化，各专业协同工作，从而降低了工程生产成本，保障工程按时按质完成。

1. BIM 的特点

1）可视化性

可视化即"所见所得"的形式，对于建筑行业来说，可视化的作用是非常大的，例如常见的施工图纸，只是采用线条绘制各个构件的信息，但是构件真正的构造形式就需要建筑业参与人员去自行想象了。对于一般简单的东西来说，这种想象也未尝不可，但是近年来建筑的建筑形式各异，复杂造型不断推出，仅靠想象就不太现实了。所以 BIM 提供了可视化的思路，将以往的线条式的构件形成一种三维的立体实物图形展示在人们的面前。建筑业也有设计方出效果图的情况，但是这种效果图是分包给专业的效果图制作团队进行识读设计制作出的线条式信息，并不是通过构件的信息自动生成的，缺少了同构件之间的互动性和反馈性。BIM 提到的可视化是一种能够同构件之间形成互动性和反馈性的可视。在 BIM 中，由于整个过程都是可视化的，所以可视化的结果不仅可以用来展示效果图及生成报表，更重要的是，项目设计、建造、运营过程中的沟通、讨论、决策都在可视化的状态下进行的。

教学视频：认识
Revit 2018

2）协调性

协调性是建筑业中的重点内容，不管是施工单位还是业主及设计单位，都进行着协调及相互配合的工作。一旦项目在实施过程中遇到了问题，就要将各有关人员组织起来开协调会，找施工问题发生的原因及解决办法，然后进行变更，做相应的补救措施等。那么真的就只能出现问题后再进行协调吗？在设计时，往往由于各专业设计师之间的沟通不到位，而出现各种专业之间的碰撞问题，例如暖通等管道在进行布置时，由于施工图纸是绘制在各自的施工图纸上的，真正施工过程中，可能在布置管线时正好有结构设计的梁等构件妨碍管线的布置，这就是施工中常遇到的碰撞问题。BIM 的协调性服务就可以帮助设计师处理这种问题，也就是说，BIM 可在建筑物建造前期对各专业的碰撞问题进行协调，生成协调数据提供给用户。当然 BIM 的协调作用也并不是只能解决各专业间的碰撞问题，它还可以解决其他问题，例如，电梯井布置与其他设计布置及净空要求的协调问题、防火分区与其他设计布置的协调问题、地下排水布置与其他设计布置的协调问题等。

3）模拟性

模拟性并不是只能模拟设计出建筑物模型，还可以模拟不能在真实世界中进行操作的事物。在设计阶段，BIM 可以对设计上需要进行模拟的一些内容进行模拟实验，例如，节能模拟、紧急疏散模拟、日照模拟、热能传导模拟等。在招投标和施工阶段可以进行 4D 模拟（三维模型加项目的发展时间），也就是根据施工的组织安排模拟实际施工情况，从而确定合理的施工方案。同时，BIM 还可以进行 5D 模拟（基于 3D 模型的造价控制），从而实现成本控制；后期运营阶段可以模拟日常紧急情况的处理方式，例如地震人员逃生模拟及消防人员疏散模拟等。

4）优化性

事实上，建筑的整个设计、施工、运营的过程就是一个不断优化的过程，当然优化和 BIM 也不存在实质性的必然联系，但在 BIM 的基础上可以做更好的优化、更好地做优化。优化受三种因素的制约：信息、复杂程度和时间。没有准确的信息做不出合理的优化结果，BIM 提供了建筑物实际存在的信息，包括几何信息、物理信息、规则信息，还提供了建筑物变化以后实际存在的信息。当复杂程度上升到一定程度时，参与人员本身的能力无法掌握所有的信息，必须借助一定的科学技术和设备。现代建筑物的复杂程度大多超过参与人员本身的能力极限，BIM 及与其配套的各种优化工具提供了对复杂项目进行优化的可能。项目工期会因实际施工中遇到的各种问题与原来的实施计划产生偏差，BIM 及其相关工具可实现对项目的时间优化控制。基于 BIM 的优化可以做下面的工作。

（1）项目方案优化：把项目设计和投资回报分析结合起来，设计变化对投资回报的影响可以实时计算出来。这样业主对设计方案的选择就不会主要停留在对形状的评价上，而更多地可以使业主知道哪种项目设计方案更有利于自身的需求。

（2）特殊项目的设计优化：例如裙楼、幕墙、屋顶、大空间等到处都可以看到异形设计，这些内容看起来占整个建筑的比例不大，但是占投资和工作量的比例和前者相比却往往要大得多，而且通常也是施工难度比较大和施工问题比较多的地方，对这些内容的设计施工方案进行优化，可以显著降低施工难度，减少施工问题。

（3）时间优化：把 BIM 模型与时间进度相关联，按照目标工期要求编制计划，模拟实施进度，实施和检查计划的实际执行情况，并在分析进度偏差原因的基础上不断调整、修改计划，直至工程竣工交付使用。通过对进度影响因素实施控制及各种关系协调，综合运用各种可行方法、措施，将项目的计划工期控制在事先确定的目标工期范围之内，在兼顾成本、质量控制目标的同时，努力缩短建设工期。

5）可出图性

BIM 并不是为了出建筑设计院所出的常见的建筑设计图纸，以及一些构件加工的图纸。而是通过对建筑物进行可视化展示、协调、模拟、优化以后，帮助业主做出如下图纸。

（1）综合管线图（经过碰撞检查和设计修改，消除相应错误以后）。

（2）综合结构留洞图（预埋套管图）。

（3）碰撞检查侦错报告和建议改进方案。

6）一体化性

BIM 技术可进行从设计到施工再到运营的项目管理，贯穿了工程项目的全生命周期的一体化管理过程。BIM 的技术核心是一个由计算机三维模型所形成的数据库，不仅包含了建筑的设计信息，而且可以容纳从设计到建成使用，甚至是使用周期终结的全过程信息。

7）参数化性

参数化建模是指通过参数而不是数字建立和分析模型，简单地改变模型中的参数值就能建立和分析新的模型；BIM 中的图元是以构件的形式出现，这些构件之间的不同之处是通过参数的调整反映出来的，参数保存了图元作为数字化建筑构件的所有信息。

8）信息完备性

信息完备性体现在 BIM 技术可对工程对象进行 3D 几何信息和拓扑关系的描述以及完整的工程信息描述方面。

2. BIM 的应用价值

建立以 BIM 应用为载体的项目管理信息化，提升项目生产效率、提高建筑质量、缩短工期、降低建造成本，具体体现在以下方面。

1）三维渲染，宣传展示

三维渲染动画给人以真实感和直接的视觉冲击。创建好的 BIM 模型可以作为二次渲染开发的模型基础，大大提高了三维渲染效果的精度与效率，给业主更为直观的宣传介绍，提升中标概率。

2）快速算量，精度提升

BIM 数据库的创建，通过建立 5D 关联数据库，可以准确快速地计算工程量，提高施工预算的精度与效率。由于 BIM 数据库的数据粒度达到构件级，可以快速提供支撑项目各条线管理所需的数据信息，有效提升施工管理效率。BIM 技术能自动计算工程实物量，这属于较传统的算量软件的功能，在国内此类应用案例非常多。

3）精确计划，减少浪费

施工企业精细化管理很难实现的根本原因在于海量的工程数据无法快速准确地获取，以支持资源计划，致使经验主义盛行。而 BIM 的出现可以让相关管理条线快速准确地获得工程基础数据，为施工企业制订精确人才计划提供有效的支撑，大大减少了资源、物流和仓储环节的浪费，为实现限额领料、消耗控制提供了技术支撑。

4）多算对比，有效管控

管理的支撑是数据，项目管理的基础就是工程基础数据的管理，及时、准确地获取相关工程数据就是项目管理的核心竞争力。BIM 数据库可以实现任一时间点上工程基础信息的快速获取，通过合同、计划与实际施工的消耗量、分项单价、分项合价等数据的多算对比，可以有效地了解项目运营是否盈亏、消耗量有无超标、进货分包单价有无失控等问题，实现对项目成本风险的有效管控。

5）虚拟施工，有效协同

三维可视化功能再加上时间维度，可以进行虚拟施工。随时随地、直观快速地将施工计划与实际进展进行对比，同时进行有效协同，施工方、监理方甚至非工程行业出身的业主和领导都能对工程项目的各种问题和情况了如指掌。这样，通过 BIM 技术结合施工方案、施工模拟和现场视频监测可大大减少建筑质量问题、安全问题，减少返工和整改。

6）碰撞检查，减少返工

BIM 最直观的特点在于三维可视化，利用 BIM 的三维技术在前期可以进行碰撞检查，优化工程设计，减少在建筑施工阶段可能存在的错误损失和返工的可能性，而且可以优化净空，优化管线排布方案。最后施工人员可以利用碰撞优化后的三维管线方案进行施工交底、施工模拟，提高施工质量，同时也提高了与业主沟通的能力。

7）冲突调用，决策支持

BIM 数据库中的数据具有可计量（Computable）的特点，大量工程相关的信息可以为工程提供数据后台的巨大支撑。BIM 中的项目基础数据可以在各管理部门进行协同和共享，工程量信息可以根据时空维度、构件类型等进行汇总、拆分、对比分析等，保证工程基础数据及时、准确地提供，为决策者制订工程造价项目群管理、进度款管理等方面的决策提供依据。

3. BIM 的相关软件介绍

目前市场上创建 BIM 模型的软件多种多样，其中比较有代表性的有 Autodesk Revit 系列、Gehry Technologies、基于 Dassault Catia 的 Digital Project（简称 DP）、Bentley Architecture 系列和 DRAPHISOFT ArchiCAD 等，在我国应用最广、知名度最高的则是 Autodesk Revit 系列。

1.1.2　Revit 的工作界面介绍

　📖 知识准备

Autodesk Revit 2018 的工作界面如图 1.1.1 所示，主要包括"应用程序按钮""快速访问工具栏""选项卡""上下文选项""选项栏""面板""工具""属性面板""项目浏览器""状态栏""视图控制栏""工作集状态""显示与工作区域""View Cube""导航栏"等。

　✎ 实训操作

启动 Revit 应用程序，了解 Revit 基本界面。

（1）双击桌面上的 Revit 2018 快捷图标或选择 Windows 界面左下角的"开始"菜单→"Autodesk"→"Revit 2018"命令，都可启动 Autodesk Revit 2018。启动完成后，会显示如图 1.1.2 所示的"最近使用的文件"界面。在该界面中，Revit 会分别按时间顺序依次列出最近使用的项目文件、最近使用的族文件缩略图和名称。

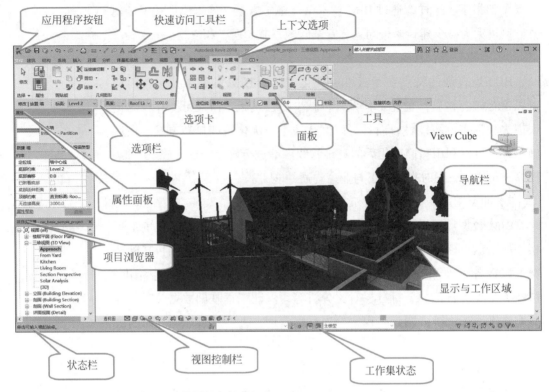

图 1.1.1 Autodesk Revit 2018 工作界面各组成部分

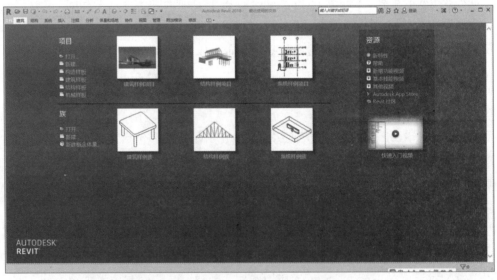

图 1.1.2 Autodesk Revit 启动界面

当 Revit 第一次启动时，会显示建筑样例项目、结构样例项目、系统样例项目和建筑样例族、结构样例族、系统样例族。

（2）单击建筑样例项目，打开样例文件，Autodesk Revit 用户界面如图 1.1.3 所示。

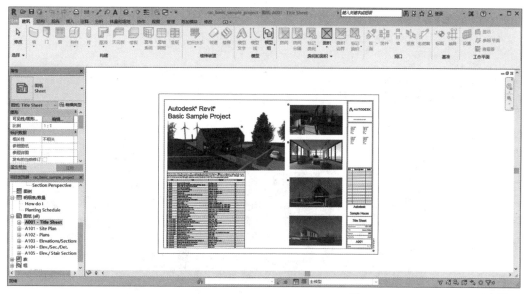

图 1.1.3　Autodesk Revit 用户界面

（3）单击左上角的"应用程序菜单"图标，可以打开应用程序下拉菜单，如图 1.1.4 所示。与 Autodesk 的其他软件一样，其中包含"新建""打开""保存"和"导出"等命令。右侧默认显示最近打开过的文档。

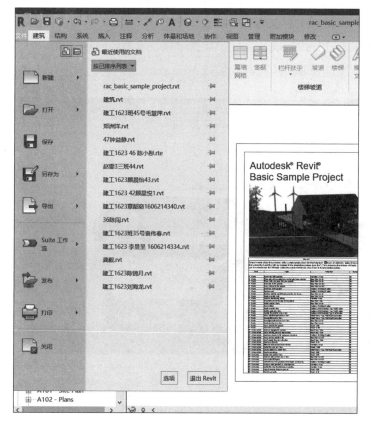

图 1.1.4　应用程序菜单

（4）使用左下角的"项目浏览器"，双击"三维视图"→"Approach"，工作区中将显示建筑的三维视图，如图 1.1.5 所示。

图 1.1.5　项目浏览器

（5）如图 1.1.6 所示，单击三维视图中的墙，可观察到"属性"面板中出现基本墙的属性。上下文选项和选项栏中出现"修改|墙"选项，面板和工具栏也跟着选择内容发生变化。选择屋顶、风车等内容，观察"属性"面板、上下文选项和选项栏的变化。

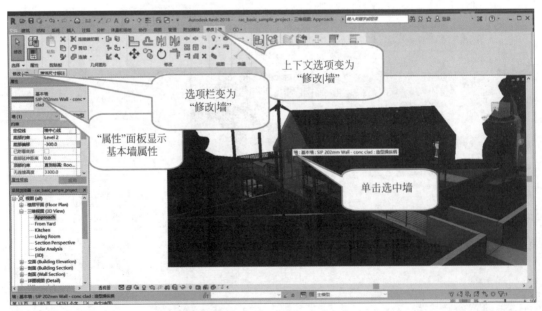

图 1.1.6　"属性"面板、上下文选项和选项栏

（6）Autodesk Revit 用户界面设置：如图 1.1.7 所示，单击"视图"
选项卡→"窗口"面板→"用户界面"工具，可看到"项目浏览器"和"属
性"面板等用户界面的设置，打钩表示显示，取消打钩将不显示。请依
次将各项打钩和取消打钩，以认识相应的面板和工具。

图 1.1.7　Autodesk Revit 用户界面设置

1.2　Revit 的视图显示与控制

1.2.1　使用项目浏览器

📖 知识准备

"项目浏览器"在实际项目当中扮演着非常重要的角色，项目创建的
楼层平面、立面、剖面、详图、三维视图、渲染、图纸、明细表和族库
等内容，都会在"项目浏览器"中显示出来，如图 1.2.1
所示，以方便用户管理整个项目资源。

教学视频：使用
项目浏览器

✎ 实训操作

使用"项目浏览器"浏览项目的各类资源。

（1）启动 Revit 2018，打开前面操作过的建筑样例
项目，如图 1.2.2 所示。

（2）如图 1.2.3 所示，双击"项目浏览器"中的"楼
层平面"→"Level 1"/"Level 2"/"Site"，分别浏览不
同的平面视图。与 CAD 软件相同，向上滚动鼠标滚轮可
放大显示视图，向下滚动鼠标滚轮可缩小显示视图，按
住鼠标中键不放可上下左右平移视图。

图 1.2.1　Revit 的项目浏览器

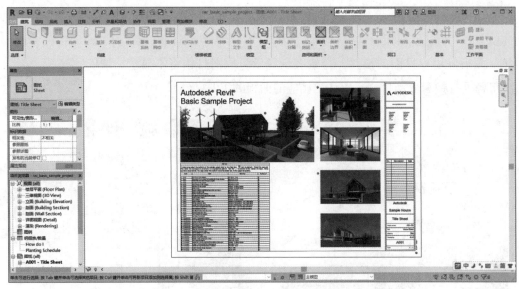

图 1.2.2　建筑样例项目

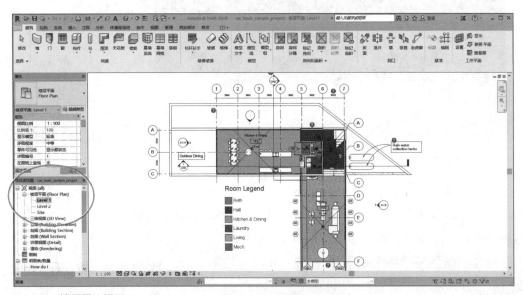

图 1.2.3　楼层平面视图

（3）如图 1.2.4 所示，双击"项目浏览器"中的"立面"→"East"/
"North"/"South"/"West"，可分别浏览项目的东、北、南、西立面视图。
与 CAD 软件相同，向上滚动鼠标滚轮可放大显示视图，向下滚动鼠标滚
轮可缩小显示视图，按住鼠标中键不放可上下左右平移视图。

（4）如图 1.2.5 所示，双击"项目浏览器"中的"剖面"，选择不同
的剖面视图，可浏览项目创建的各剖面视图。与 CAD 软件相同，向上滚
动鼠标滚轮可放大显示视图，向下滚动鼠标滚轮可缩小显示视图，按住
鼠标中键不放可上下左右平移视图。

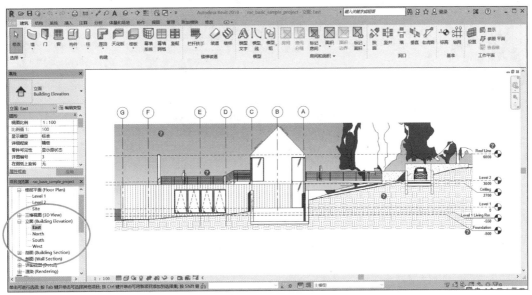

图 1.2.4　立面视图

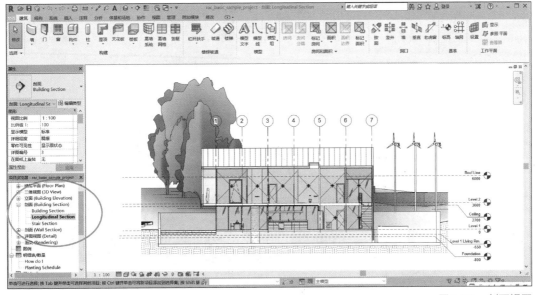

图 1.2.5　剖面视图

（5）如图 1.2.6 所示，双击"项目浏览器"中的"详图视图"，选择不同的详图视图，可浏览项目创建的各详图视图。与 CAD 软件相同，向上滚动鼠标滚轮可放大显示视图，向下滚动鼠标滚轮可缩小显示视图，按住鼠标中键不放可上下左右平移视图。

（6）如图 1.2.7 所示，双击"项目浏览器"中的"渲染"，选择不同的渲染图，可浏览项目创建的各渲染图。与 CAD 软件相同，向上滚动鼠标滚轮可放大显示视图，向下滚动鼠标滚轮可缩小显示视图，按住鼠标

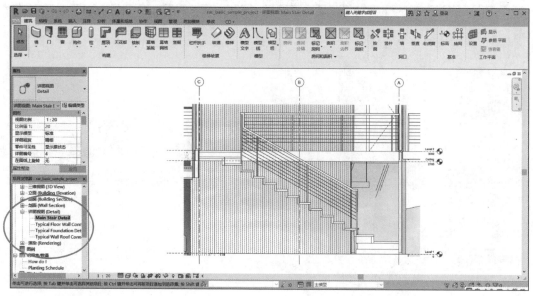

图 1.2.6 详图视图

图 1.2.7 渲染图

中键不放可上下左右平移视图。

（7）如图 1.2.8 所示，双击"项目浏览器"中的"明细表 / 数量"，选择不同的明细表，可浏览项目创建的各明细表。

（8）如图 1.2.9 所示，双击"项目浏览器"中的"图纸"，选择不同的图纸，可浏览项目创建的各图纸并可导出 CAD 文件。

（9）如图 1.2.10 所示，双击"项目浏览器"中的"族"，选择不同的族，可浏览项目使用的各类族信息。

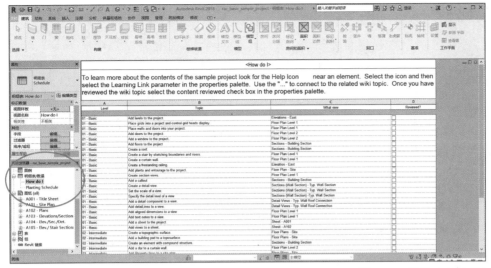

图 1.2.8　明细表 / 数量图

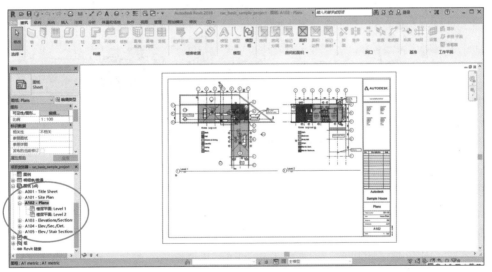

图 1.2.9　图纸

图 1.2.10　族

教学视频：视图
导航与控制

1.2.2 视图导航与控制

📖 知识准备

视图导航和控制工具。

Revit 提供了多种视图导航和控制工具，可对视图进行放大、缩小、平移、旋转、隐藏、隔离等操作，以方便使用者看到想要的内容，如图 1.2.11 所示。本小节将分别介绍用鼠标、View Cube、视图导航栏和视图控制栏对视图进行导航和控制的操作方法。

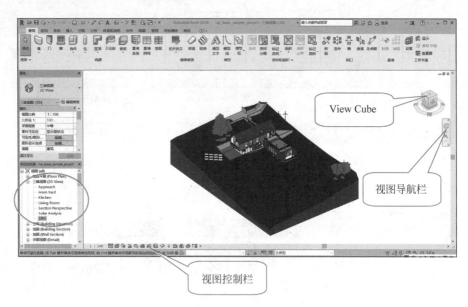

图 1.2.11 三维视图

🖎 实训操作

分别用鼠标、View Cube、视图导航栏和视图控制栏对视图进行导航和控制，如图 1.2.12 所示。

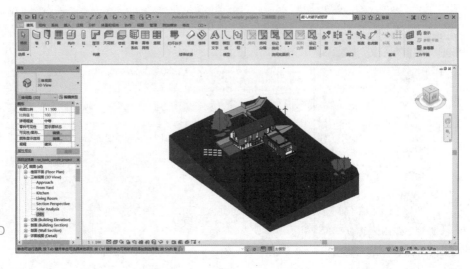

图 1.2.12 3D视图

1. 使用鼠标控制视图

（1）启动 Revit 2018，打开前面操作过的建筑样例项目，双击"项目
浏览器"中的"三维视图"→"3D"，如图 1.2.12 所示。

（2）向上滚动鼠标滚轮放大视图，向下滚动鼠标滚轮缩小视图，如
图 1.2.13 所示。

图 1.2.13　放大 / 缩小视图

（3）移动鼠标指针至视图中心位置，按住鼠标滚轮不放，可上下左
右平移视图，将房子移到工作区中心并放大，如图 1.2.14 所示。

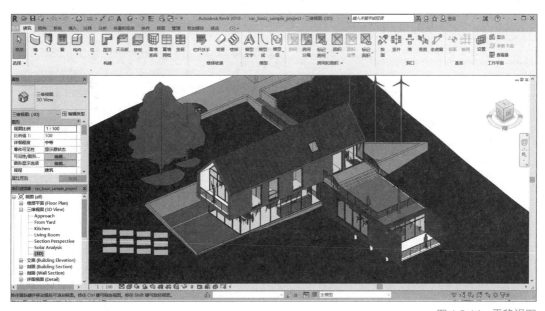

图 1.2.14　平移视图

（4）同时按住键盘上的 Shift 键和鼠标滚轮，左右移动鼠标指针，任意旋转视图中的模型，可从不同角度观察 3D 模型，如图 1.2.15 所示。

图 1.2.15　旋转视图

2. 使用视图导航栏控制视图

（1）启动 Revit 2018，打开前面操作过的建筑样例项目，双击"项目浏览器"中的"三维视图"→"3D"，找到右边的视图导航栏，如图 1.2.16 所示。

（2）单击视图导航栏中的导航控制盘按钮，打开导航控制盘，如图 1.2.17 所示。

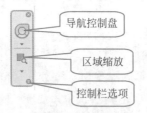

图 1.2.16　视图导航栏

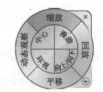

图 1.2.17　导航控制盘

移动鼠标指针，将导航控制盘放到三维视图的中心，将指针放置到"缩放"按钮上，"缩放"按钮会高亮显示，按住鼠标左键不放，控制盘消失，视图中会出现绿色球形图标，上下左右移动鼠标指针，可实现视图的缩放，如图 1.2.18 所示。完成操作后，松开鼠标左键，控制盘恢复。可以继续选择平移、动态观察、回放、中心、环视、向上 / 向下、漫游按钮进行操作，操作方法和缩放一样，在此不再赘述。

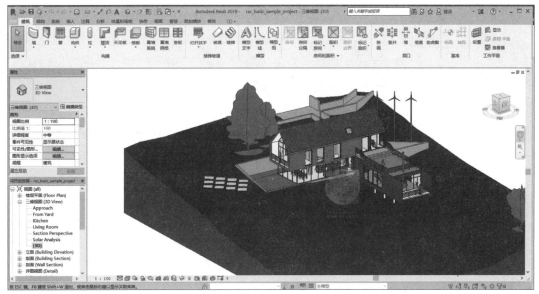

图 1.2.18　使用导航控制盘缩放视图

（3）单击区域缩放按钮下面的向下三角形按钮，如图 1.2.19 所示。

下面以第一个功能区域放大为例来介绍其功能，选择区域放大，框选视图中某一个区域,放大该区域到整个工作区,如图 1.2.20 所示。

选择缩小两倍、缩放匹配、缩放全部以匹配、缩放图纸大小、上一次平移 / 缩放、下一次平移 / 缩放，可自行操作尝试其功能。

图 1.2.19　区域缩放

图 1.2.20　区域放大

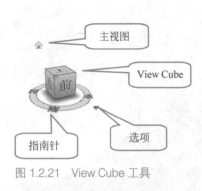

图 1.2.21　View Cube 工具

3. 使用 View Cube 控制视图

（1）启动 Revit 2018，打开前面操作过的建筑样例项目，双击"项目浏览器"中的"三维视图"→"3D"，找到右边的 View Cube 工具，如图 1.2.21 所示。

（2）单击"上"，可以到顶视图，单击右上方的"旋转"，将视图做 90°的旋转，如图 1.2.22 所示。View Cube 上的其他前、后、左、右、下，以及各个边、角都可以单击，工作区中将根据单击位置显示该方位的视图。

图 1.2.22　使用 View Cube 控制视图

（3）单击"指南针"工具中的东、西、南、北，可快速切换到相应方向的视图。也可将光标移动到"指南针"的圆圈上，按住鼠标左键左右拖动鼠标指针，视点将约束到当前视点高度，随着鼠标指针移动方向旋转，如图 1.2.23 所示。

4. 使用视图控制栏对视图的显示进行控制

（1）启动 Revit 2018，打开前面操作过的建筑样例项目，双击"项目浏览器"中的"三维视图"→"3D"，找到下方的视图控制栏，如图 1.2.24 所示。

（2）在"项目浏览器"中找到"楼层平面"，打开"Level 1"，单击视图控制栏中的"视图比例"，如图 1.2.25 所示，将原来的比例 1∶100 调成 1∶50 后，观察视图的相应变化，再将比例改回 1∶100。

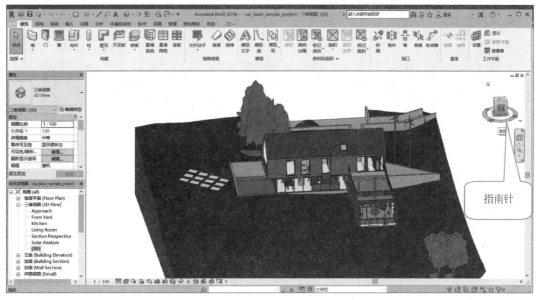

图 1.2.23　使用指南针控制视图

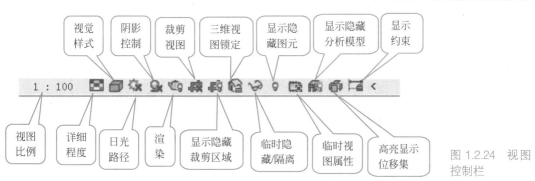

图 1.2.24　视图控制栏

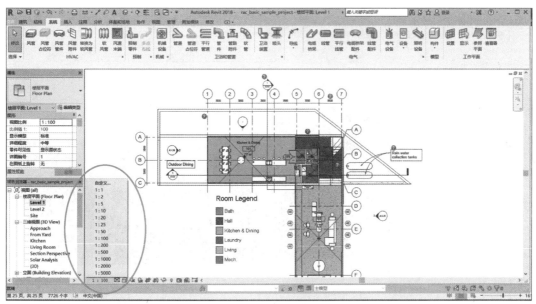

图 1.2.25　视图比例调整

（3）放大左下角的墙体，单击视图控制栏中的"详细程度"，分别使用"粗略""中等""精细"，观察墙体的显示变化，如图 1.2.26 所示。

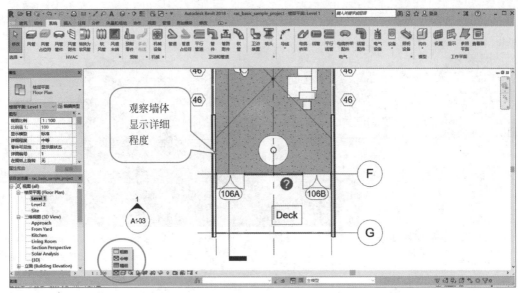

图 1.2.26　详细程度

（4）在"项目浏览器"中找到"三维视图"，打开"3D"，单击视图控制栏中的"视觉样式"，分别使用"线框""隐藏线""着色""一致的颜色""真实""光线追踪"，观察视图显示变化，如图 1.2.27 所示。（注意：越往上调，对计算机的内存等要求越高，会导致软件运行速度变慢，一般显示时调到"着色"为宜。）

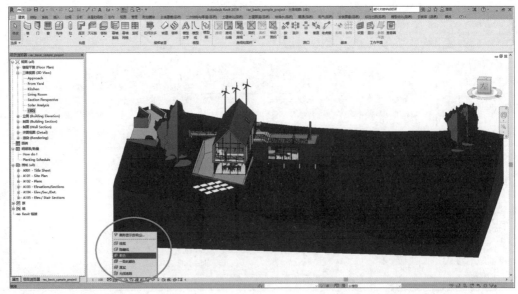

图 1.2.27　视觉样式

（5）单击视图控制栏中的"日照路径"，单击"日光设置"按钮，出现"日光设置"对话框，选择"Sunlight from Top Right"选项，并设置方位角、仰角，如图 1.2.28 所示，单击"确定"按钮，使用"日照路径"中的"打开日照路径"查看其效果。

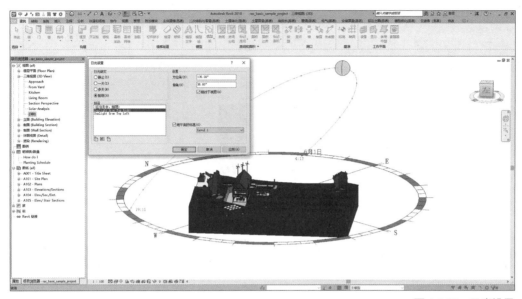

图 1.2.28　日光设置

（6）单击视图控制栏中的"显示裁剪区域"选项，出现一个裁剪区域框，选中该框，可调整区域大小，如图 1.2.29 所示，单击其左侧的"裁

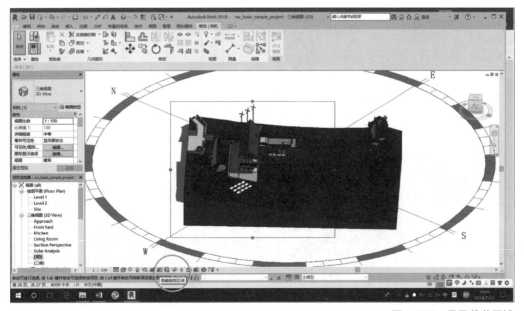

图 1.2.29　显示裁剪区域

剪视图"按钮，视图工作区中将只显示裁剪区域的内容，如图 1.2.30 所示，再单击该按钮又可恢复全部显示内容。

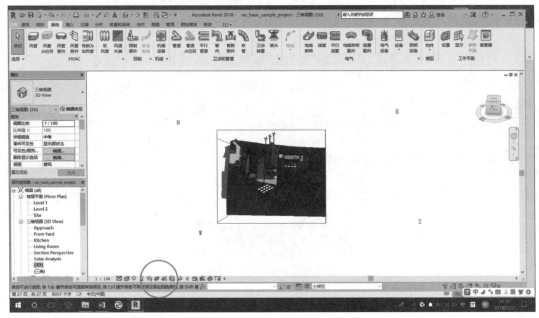

图 1.2.30　裁剪视图

（7）单击视图控制栏中的"三维视图锁定"→"保存方向并锁定视图"，发现视图被锁定，不能旋转；选择"解锁视图"，消除锁定，如图 1.2.31 所示。

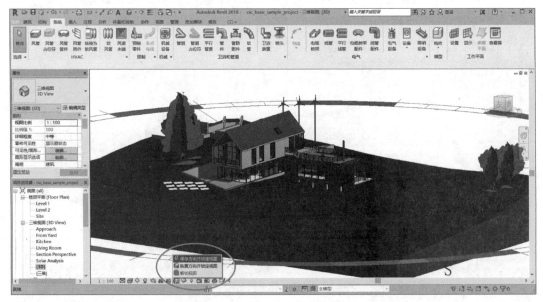

图 1.2.31　锁定三维视图

（8）放大三维视图，单击任意一堵墙，单击视图控制栏中的"临时隐藏 / 隔离"→"隔离类别"，如图 1.2.32 所示，可以看到当前视图中其他类别的图元全部被隐藏，只显示墙类别的图元；单击"重设临时隐藏 / 隔离"恢复原来的显示。"隔离图元"与"隔离类别"的功能相似，视图中除选中的图元之外其他图元全部被隐藏，单击"重设临时隐藏 / 隔离"恢复原来的显示。

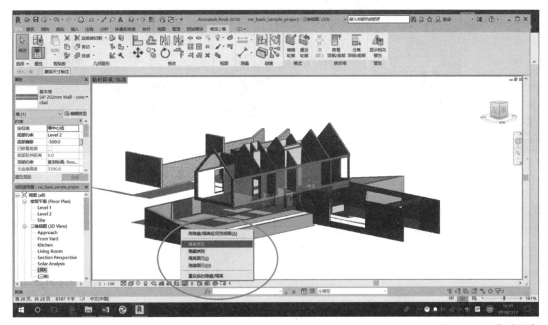

图 1.2.32　临时隔离

（9）放大三维视图，单击任意一堵墙，单击视图控制栏中的"临时隐藏 / 隔离"→"隐藏类别"，可以看到，在当前视图中墙类别的图元全部被隐藏，单击"重设临时隐藏 / 隔离"恢复原来的显示，如图 1.2.33 所示。"隐藏图元"与"隐藏类别"的功能相似，视图中除选中图元将被隐藏，单击"重设临时隐藏 / 隔离"恢复原来的显示。

（10）放大三维视图，单击任意一堵墙，单击视图控制栏中的"临时隐藏 / 隔离"→"隐藏类别"，可以看到，在当前视图中墙类别的图元全部被隐藏，单击"将隐藏 / 隔离应用到视图"，墙类别变成了一个永久性的隐藏，"临时隐藏 / 隔离"工具菜单中的所有选项全部变得不可用，如图 1.2.34 所示。

（11）显示永久隐藏的图元并取消隐藏。单击视图控制栏中的"显示隐藏的图元"，可以看到，前面被永久隐藏的墙以红色的边框显示出来，

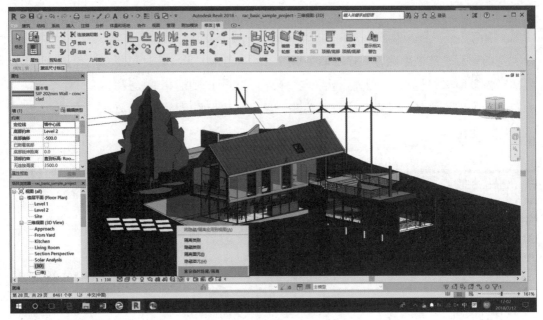

图 1.2.33　重设临时隐藏 / 隔离

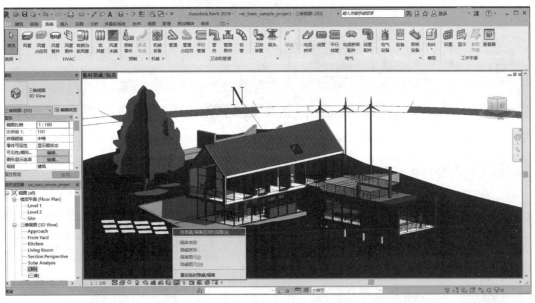

图 1.2.34　永久隐藏

在任意一面墙上右击，弹出快捷菜单，单击"取消在视图中隐藏"→"类别"，再单击视图控制栏中的"关闭隐藏的图元"，墙体又恢复正常显示，如图 1.2.35 所示。

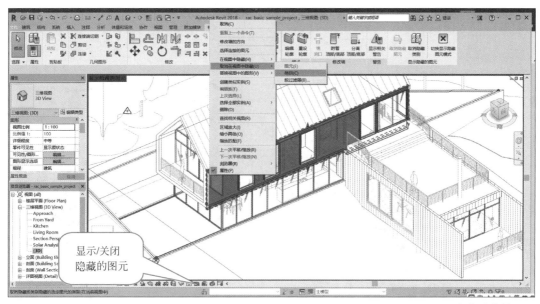

图 1.2.35　显示永久隐藏的图元

1.3　Revit 的基本操作

1.3.1　选择图元

📖 知识准备

图元的选择：对任何图元的修改和编辑都要先选择图元，在 Revit 中，选择图元的方式有多种，最简单的方式为单击某图元。除此之外，还有键盘功能键结合鼠标循环选择、框选、选择相同类型的图元等方式。

教学视频：选择图元

📡 实训操作

掌握各种图元选择的方法。

（1）启动 Revit 2018，打开前面操作过的建筑样例项目，双击"项目浏览器"中的"楼层平面"→"Level 1"，将视图放大，显示 Kitchen & Dining，如图 1.3.1 所示。

（2）单击选中左上角的第一把椅子，如图 1.3.2 所示。

（3）按住 Ctrl 键不放，鼠标指针会变成带有"+"的形状，再单击其他椅子，可在选择集中添加图元；按住 Shift 键不放，鼠标指针会变成带有"−"的形状，再单击已选择的椅子，可将该图元从选择集中去除，如图 1.3.3 所示。

（4）如图 1.3.4 所示，从左上角按住鼠标左键不放，拖动鼠标指针到图元的右下角，会出现一个实线选择框，实线框选择是指所有被实线完全包围的图元才能被选择。

（5）如图 1.3.5 所示，从右下角按住鼠标左键不放，拖动鼠标指针到

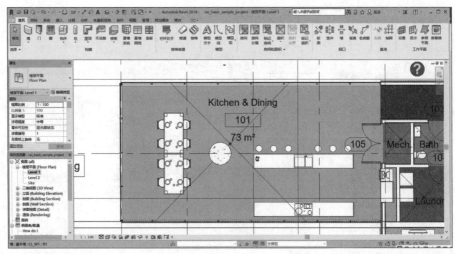

图 1.3.1　楼层平面

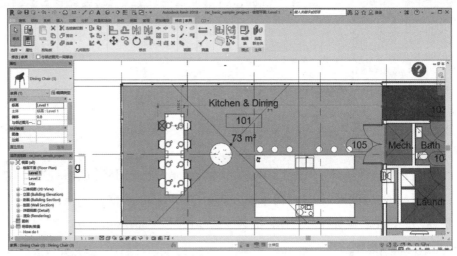

图 1.3.2　单击选择单个图元

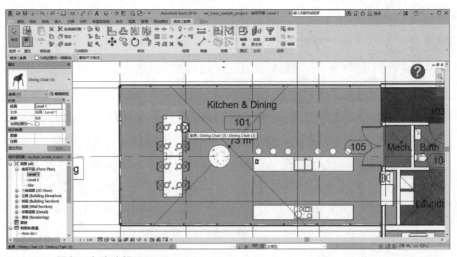

图 1.3.3　添加 / 去除选择图元

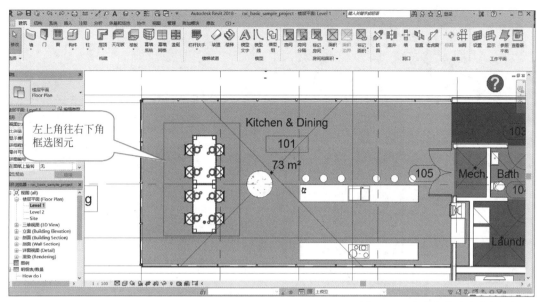

图 1.3.4 左上角往右下角框选图元

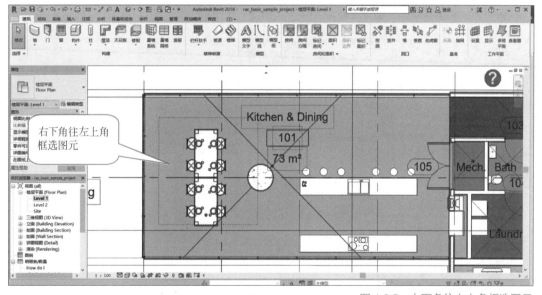

图 1.3.5 右下角往左上角框选图元

图元的左上角，会出现一个虚线选择框，虚线框选择是指包含在框内的对象以及只要与虚线相交的对象都将被选择。

（6）如图 1.3.6 所示，单击选中一把椅子，右击弹出快捷菜单，单击"选择全部实例"→"在视图中可见"或"在整个项目中"，将选择在该视图中或整个项目中的相同类型的图元。

（7）如图 1.3.7 所示，缩小视图，将整个 Level 1 平面图显示在屏幕上，使用右侧框选功能选择所有图元，单击窗口右下角的"过滤器"→"放

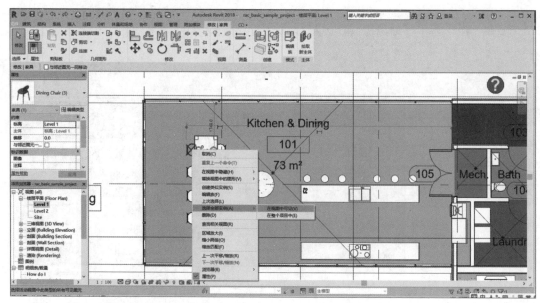

图 1.3.6　选择相同类型的图元

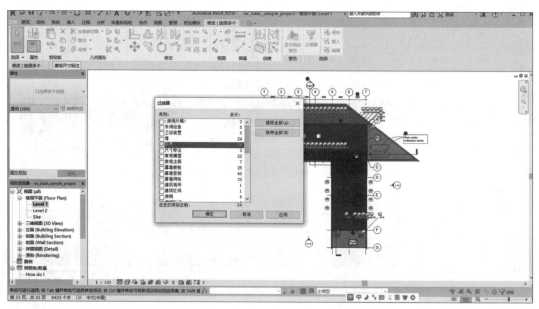

图 1.3.7　使用过滤器选择图元

弃全部"按钮，勾选"家具"，单击"确定"按钮，观察视图，所有的家具将被选中。

1.3.2　编辑图元

📖 知识准备

图元的编辑：在模型绘制过程中，经常需要对图元进行编辑和修改。在 Revit 的"修改"面板中提供了大量的图元修改和编辑工具，如图 1.3.8

教学视频：编辑
图元

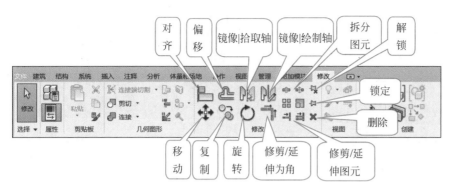

图 1.3.8　"修改"面板

所示，这些工具与 CAD 软件中的工具功能基本相同。

📖 实训操作

掌握图元编辑的各种工具。

（1）"对齐"工具：启动 Revit 2018，打开前面操作过的建筑样例项目，使用"项目浏览器"进入"楼层平面"→"Level 1"，将视图放大，显示 Living。单击"修改"面板→"对齐" 🔲 工具，在选项栏中将"多重对齐"打钩，移动鼠标指针至沙发的最右侧，单击，Revit 将在该位置处显示蓝色参照平面，移动鼠标指针到沙发两边的小桌子的最右侧，单击将小桌子与沙发对齐，如图 1.3.9 所示，按 Esc 键取消"对齐"工具。

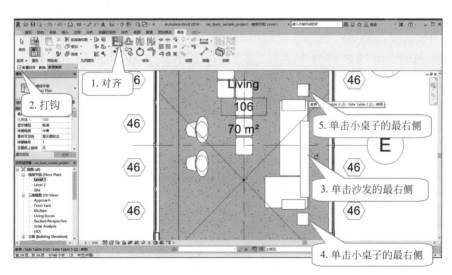

图 1.3.9　"对齐"工具

（2）"复制"工具：单击"修改"面板→"复制" 🔾 工具，移动鼠标指针至第二排单人沙发，单击选中该沙发，按 Space 键完成选择，将鼠标指针移至第三排第一张沙发左上角位置单击，设置该位置为复制基点，向右移动鼠标指针至第三排第二张沙发左上角并单击，完成复制，第二排的相应位置复制出一张沙发，如图 1.3.10 所示。

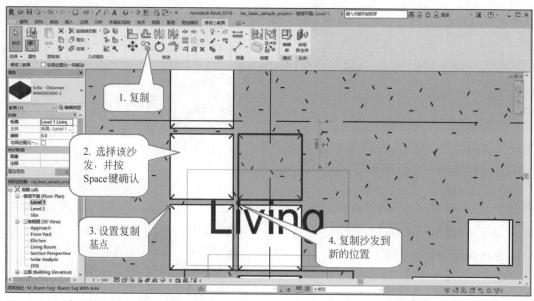

图 1.3.10 "复制"工具

（3）"移动"工具：单击"修改"面板→"移动" ✛ 工具，移动鼠标指针至第二排第二张单人沙发，单击选中该沙发，按 Space 键完成选择，将鼠标指针移至第二排第二张沙发左上角位置单击，设置该位置为移动的参照基点，向右移动鼠标指针，Revit 将显示临时尺寸标注，提示鼠标指针当前位置与参照基点的距离，使用键盘输入 300，将其作为移动的距离，按 Enter 键确认，复制移动，该沙发的位置向右移动了 300mm，如图 1.3.11 所示。

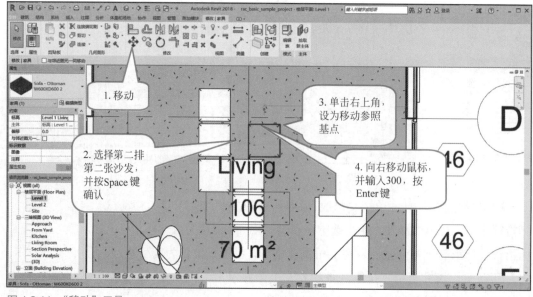

图 1.3.11 "移动"工具

（4）"镜像"工具：单击"修改"面板→"镜像 | 拾取轴" 🔛 工具，移动鼠标指针至第二排第二张单人沙发，单击选中该沙发，按 Space 键完成选择，将鼠标指针指向 D 轴线单击，将该轴线设为镜像轴，在 D 轴的上方会复制生成新的沙发，如图 1.3.12 所示。

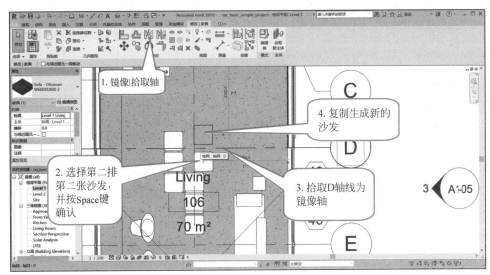

图 1.3.12　"镜像"工具

（5）"旋转"工具：单击"修改"面板→"旋转" ↻ 工具，移动鼠标指针至第一张椅子，单击选中该椅子，按 Space 键完成选择，移动鼠标指针至椅子的左侧，单击指定旋转的开始放射线，此时显示的线表示第一条放射线，移动鼠标指针至旋转的结束放射线，也可直接使用键盘输入角的度数确定结束放射线，完成旋转，如图 1.3.13 所示。

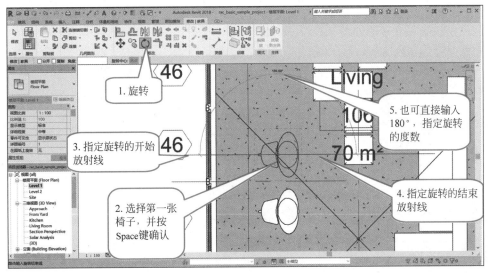

图 1.3.13　"旋转"工具

（6）"阵列"工具：单击"修改"面板→"阵列" 🔡 工具，移动鼠标指针至第五排的沙发，单击选中，按 Space 键完成选择，单击该沙发的中点为参照基点，向下移动鼠标指针，使用键盘输入 650，按 Enter 键，输入项目数 5，按 Enter 键，完成阵列复制，如图 1.3.14 所示。

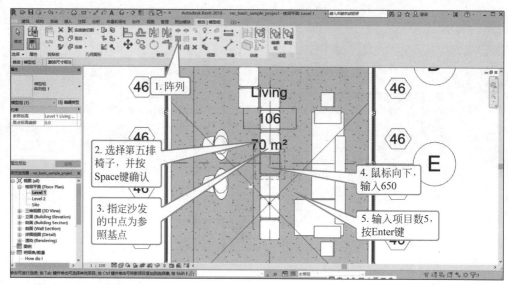

图 1.3.14 "阵列"工具

（7）"偏移"工具：单击"修改"面板→"偏移" 🖫 工具，在选项栏中选择"数值方式"，偏移量中输入偏移值：1500，移动鼠标指针至墙体左侧，将会在墙体的左侧 1500mm 处显示一条虚线，如图 1.3.15 所示，单击，将会在原墙体的左侧复制出一面墙，按 Esc 键取消"偏移"工具。

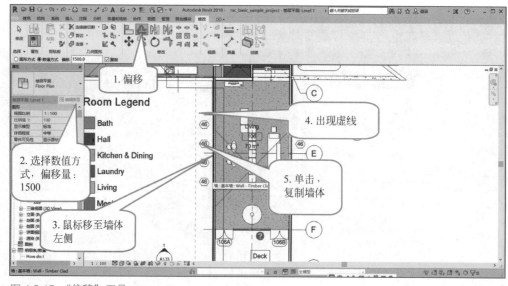

图 1.3.15 "偏移"工具

（8）"拆分图元"工具和"删除"工具：单击"修改"面板→"拆分图元" ▥ 工具，在刚才复制的墙体 2400mm 处单击，原来的墙体图元被拆分成了两部分，如图 1.3.16 所示。按 Esc 键取消"拆分图元"工具，单击选中刚拆分开的那部分墙体，按 Delete 键或单击"修改"面板中的"删除" ✖ 工具，删除该部分墙体。进入"3D 三维视图"，观察操作的墙体效果，如图 1.3.17 所示。

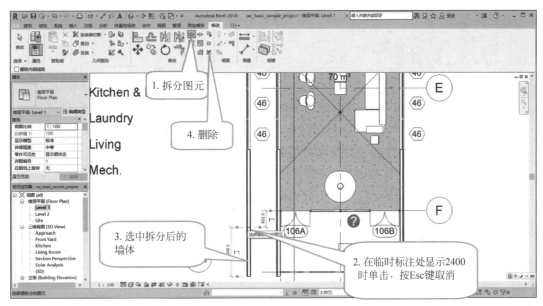

图 1.3.16 "拆分图元"工具和"删除"工具

图 1.3.17 三维效果

（9）"锁定"工具和"解锁"工具：单击选中剩余的墙体，单击"修改"选项卡中的"锁定" 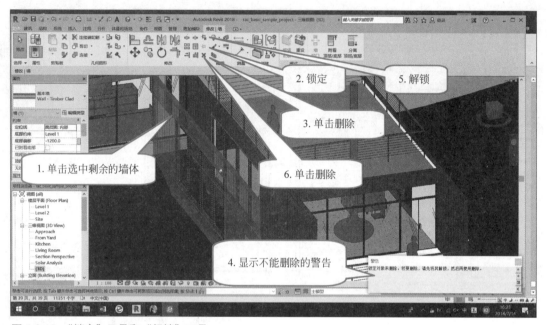 工具，墙体上会出现一个锁定的图标。单击"修改"面板中的"删除" ✕ 工具，删除该部分墙体，尝试删除该墙体，系统右下角出现图 1.3.18 所示的警告提示："锁定对象未删除，若要删除，请先将其解锁，然后再使用删除"，单击"修改"面板中的"解锁" 工具，将墙体解锁，单击"修改"面板中的"删除" ✕ 工具，删除该部分墙体。

图 1.3.18 "锁定"工具和"解锁"工具

第 2 章　创建标高、轴网

2.1　项目的新建与保存

📖 知识准备

Revit 中的常用文件格式如下。

（1）项目文件格式（RVT 格式）：项目是单个设计信息数据库模型，项目文件包含建筑的所有设计，包含项目所有的建筑模型、注释、视图和图纸等内容。通过使用项目文件，用户可以轻松地修改设计，还可以将修改的结果反映到所有关联区域（如平面视图、立面视图、剖面视图和明细表等），仅需跟踪一个文件，就可以方便项目管理。

（2）项目样板文件格式（RTE 格式）：项目样板的功能相当于 CAD 中的 DWT 文件，其中会定义好相关的参数，包含项目单位、标注样式、文字样式、线型、线宽、线样式和导入 / 导出设置等内容。在不同的样板中，包含的内容也不相同。如绘制建筑模型时，需要选择建筑样板。在项目样板当中会默认提供一些门、窗和家具等族库，以便在实际建立模型时快速调用，从而节省制作时间。

（3）族样板文件格式（RFT 格式）：创建 Revit 可载入族的样板文件格式。创建不同类别的族要选择不同的族样板文件。

（4）族文件格式（RFA 格式）：族是组成项目的构件。用户可以根据项目需要创建自己的常用族文件，以便随时在项目中调用。

✎ 实训操作

掌握项目文件的新建和保存的方法。

（1）启动 Revit 2018，单击左上角"文件"菜单→"新建"工具→选择"项目"，如图 2.1.1 所示。

（2）弹出"新建项目"对话框，单击选择样板文件"建筑样板"→新建"项目"，单击"确定"按钮，如图 2.1.2 所示。

图 2.1.1　新建项目文件

图 2.1.2　"新建项目"对话框

（3）单击"管理"选项卡，弹出"项目信息"对话框，输入新建项目的项目信息，如图 2.1.3 所示。

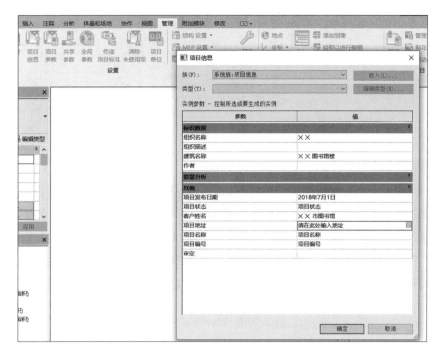

图 2.1.3　设置项目信息

（4）单击"文件"菜单→"保存"工具，选择保存的路径和输入项目文件名，单击"选项"按钮，弹出"文件保存选项"对话框，设置最大备份数为 5，如图 2.1.4 所示，单击"确定"按钮，再单击"保存"按钮，观察相应目录中将出现以".rvt"为扩展名的项目文件。

图 2.1.4　"另存为"对话框和"文件保存选项"对话框

2.2　创建与编辑标高

2.2.1　创建标高

📖 知识准备

标高用于反映建筑构件在高度方向上的定位情况，是在空间高度上

教学视频：创建与编辑标高

相互平行的一组平面，由标头和标高线等组成，如图 2.2.1 所示。

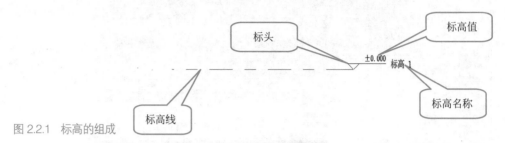

图 2.2.1 标高的组成

在 Revit 中，标高和轴网是建筑构件在立面、剖面和平面视图中定位的重要依据。几乎所有的建筑构件都是基于标高所创建的。当标高修改后，相应的构件也会随着标高的改变而发生高度上的偏移。

使用"标高"工具可定义垂直高度或建筑内的楼层标高，可为每个已知楼层或其他建筑参照创建标高。要添加标高，必须处于剖面视图或立面视图中。

❧ 实训操作

项目标高的创建。

（1）启动 Revit 2018，打开 2.1 节新建的"××图书馆"项目文件，双击"项目浏览器"中的"立面"，双击"南"，打开南立面视图，单击"建筑"选项卡→"基准"面板→"标高"工具，如图 2.2.2 所示。

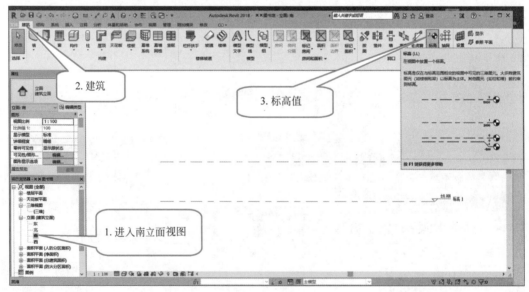

图 2.2.2 "标高"工具

（2）将光标移至标高 2 上部 4000mm 处，左端与标高 2 对齐出现虚线，如图 2.2.3 所示，单击并水平移动光标至右侧与标高 2 对齐，就可绘制标高了，如图 2.2.4 所示。

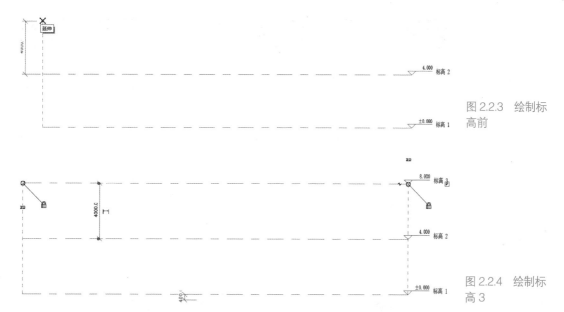

图 2.2.3 绘制标高前

图 2.2.4 绘制标高 3

2.2.2 编辑标高

📖 知识准备

当标高创建以后，需要对其进行适当的编辑和修改，以满足实际项目的需要，如图 2.2.5 所示。

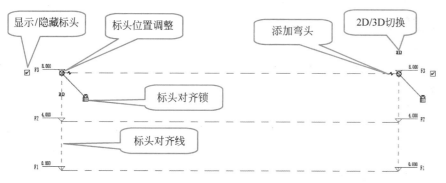

图 2.2.5 编辑标高

✍ 实训操作

项目标高类型设置、项目标高编辑。

（1）修改标高类型：打开南立面，选择 3 条标高线，在"属性"面板的标高类型处选择"上标头""下标头""正负零标高"，观察其变化，如图 2.2.6 所示。

（2）编辑标高类型：选择 3 条标高线，单击"属性"面板中的"编辑类型"按钮，将弹出"类型属性"对话框，可分别对基面、线宽、颜色、线型图案、符号等进行设置，如图 2.2.7 所示。

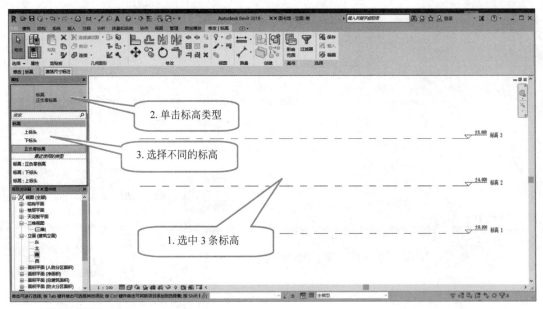

图 2.2.6　修改标高类型

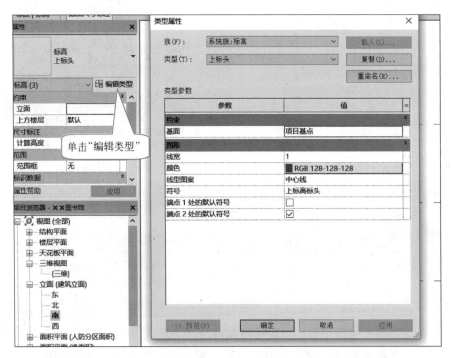

图 2.2.7　编辑标
高类型

（3）标高线重命名：在立面视图中双击标高 1、标高 2、标高 3，将其改名为 F1、F2、F3，系统显示"是否希望重命名相应视图？"时，选择"是"，并设置左侧显示编号，如图 2.2.8 所示。

（4）标头位置调整：在立面视图中选中某一条标高线，按住标高线边上的空心圆圈水平拖动，可改变标头位置，当对齐线起作用时，3 条标

图 2.2.8　标高重命名

高线都会跟着做调整，单击"标头对齐锁"解锁，修改单条标高线标头，如图 2.2.9 所示。

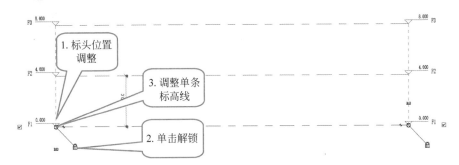

图 2.2.9　标头位置调整

（5）移动标高：选择标高线，在该标高线与其直接相邻的上下标高线之间，将显示临时尺寸标注。若要上下移动选定的标高，则单击临时尺寸标注，输入数值并按 Enter 键确认，如图 2.2.10 所示，也可直接修改标高线两端的标高值，修改标高。

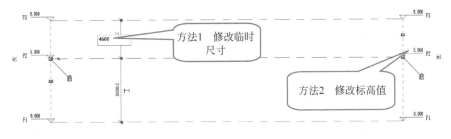

图 2.2.10　移动标高

（6）添加弯头：选择标高线，单击"添加弯头"，如图 2.2.11 所示。

图 2.2.11　添加弯头

（7）2D/3D 切换：在 3D 模式中，Revit 在任何一个立面视图中绘制修改标高都会影响其他视图。双击"项目浏览器"中的东、西、南、北立面，会发现所有标高都被同步修改。但某些情况，例如出施工图纸的时候，可能要求的标高线长度不同，可将标高调整为 2D 方式进行修改，其他视图将不会受到影响。进入南立面，转换为 2D 模式，将 F3 的标高线调短，进入北立面，观察北立面的标高没有变动，如图 2.2.12 所示。

🖥 实战训练

××图书馆建筑标高创建：使用 2.2 节介绍的标高创建和编辑方法，并结合 1.3.2 小节编辑图元中的移动、复制、偏移、阵列、删除等工具，绘制 ××图书馆的标高线，如图 2.2.13 所示。

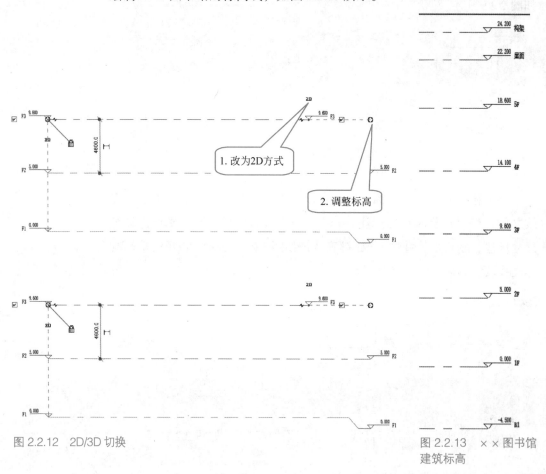

图 2.2.12　2D/3D 切换

图 2.2.13　××图书馆建筑标高

2.3　创建与编辑轴网

2.3.1　创建轴网

📖 知识准备

轴网用于在平面视图中定位项目图元，标高创建完成后，可以切换到任意平面视图来创建和编辑轴网。

教学视频：创建与编辑轴网

✎ 实训操作

创建轴网。

（1）启动 Revit 2018，打开 2.2 节中操作的"××图书馆"项目文件，双击"项目浏览器"中的"楼层平面"，双击"1F"，打开一层平面视图，单击"建筑"选项卡→"基准"面板→"轴网"工具，如图 2.3.1 所示。

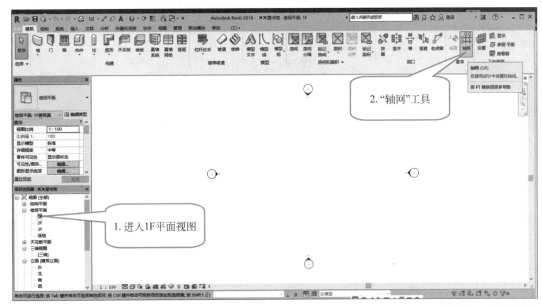

图 2.3.1　创建轴网

（2）在"绘制"面板中选择"直线"工具，在绘图区单击确定起始点，当轴线达到正确的长度时再次单击完成，如图 2.3.2 所示。

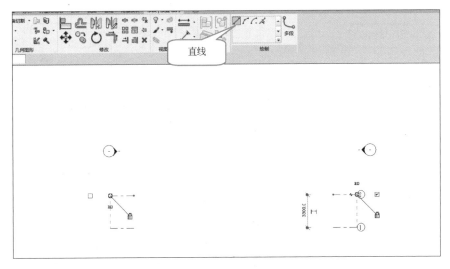

图 2.3.2　绘制轴网

（3）单击"视图"选项卡→"创建"面板→"平面视图"工具，选择"楼层平面"，选中所有的标高，单击"确定"按钮，Revit 将根据 2.2 节中建立的标高创建所有的楼层平面视图，双击进入各平面视图，在每个平面中都有上一步创建的轴网，如图 2.3.3 所示。

图 2.3.3 根据标高创建各楼层平面视图

2.3.2 编辑轴网

📖 知识准备

当轴网创建以后，需要对其进行适当的编辑和修改，以满足实际项目的需要，如图 2.3.4 所示。

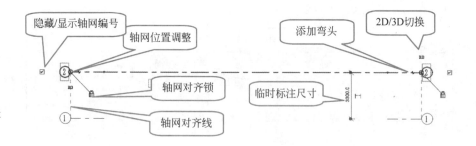

图 2.3.4 编辑轴网

🔖 实训操作

项目轴网的类型设置和编辑。

（1）修改轴网类型的方法与修改标高类型的方法相同：打开"1F"，选择 2 条轴网，单击"属性"面板中的轴网类型进行选择，如图 2.3.5 所示。

（2）编辑轴网类型：选择 2 条轴网，单击"属性"面板中的"编辑类型"按钮，弹出"类型属性"对话框，可分别对轴线中段、轴线末段

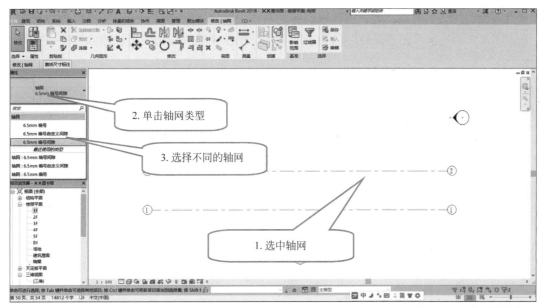

图 2.3.5　修改轴网类型

宽度、轴线末段颜色、轴线末段填充图案、轴线末段长度、平面视图轴号端点 1、平面视图轴号端点 2、非平面视图符号等进行设置，可选择不同的选项进行设置，其效果如图 2.3.6 所示。

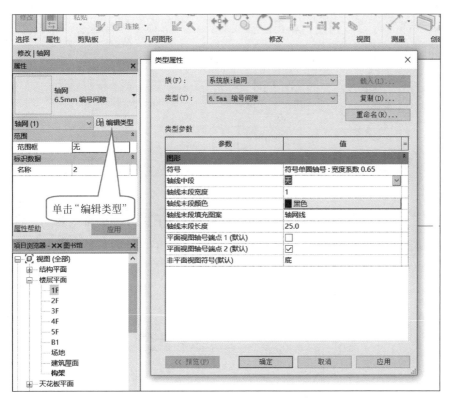

图 2.3.6　编辑轴网类型

（3）更改轴网值：在平面视图中单击轴网标题中的值就可输入新值，也可在"属性"面板的"名称"属性中输入新值，可以输入数字或字母，如图 2.3.7 所示。

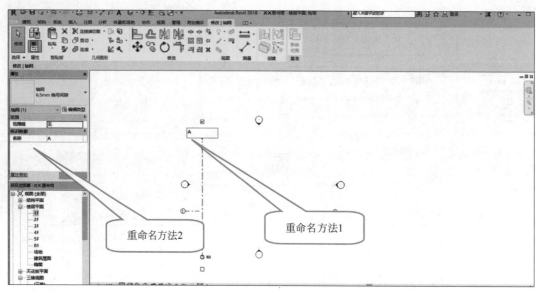

图 2.3.7　更改轴网值

（4）轴线长度调整：在平面视图中选中某一条轴线，按住轴线边上的空心圆圈水平或上下拖动，可改变轴线长度，当对齐线起作用时，2 条轴线都会跟着做调整，单击"轴线对齐锁"解锁，修改单条轴线长度，如图 2.3.8 所示。

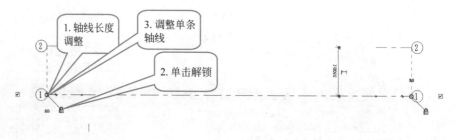

图 2.3.8　轴线长度调整

（5）移动轴线：选择轴线，在该轴线与其直接相邻的轴线之间，将显示临时尺寸标注。若要移动选定的轴线，则单击临时尺寸标注，输入新值并按 Enter 键确认，如图 2.3.9 所示。

图 2.3.9　移动轴线

（6）添加弯头：选择轴线，单击"添加弯头"，如图 2.3.10 所示。

图 2.3.10　添加弯头

（7）2D/3D 切换：在 3D 模式中，Revit 在任何一个平面视图中绘制修改轴网，都会影响其他视图。若某一平面要求的轴线不一样，可将轴网调整为 2D 方式进行修改，其他视图将不会受到影响。进入 1F，转换为 2D 模式，将编号 1 的轴线调短。进入 2F，发现编号 1 的轴线没有变动，如图 2.3.11 所示。

图 2.3.11　2D/3D 切换

💻 实战训练

（1）创建 ×× 图书馆建筑轴网：使用 2.3 节介绍的轴网创建和编辑方法，并结合 1.3.2 小节编辑图元中的移动、复制、偏移、阵列、删除等工具，绘制 ×× 图书馆的轴网，如图 2.3.12 所示。×× 图书馆建筑施工图将以 CAD 格式提供给读者，以方便查看详细尺寸。

（2）使用已有的 CAD 图纸创建轴网。进入 1F 视图，选择"插入"选项卡→"导入"面板→"导入 CAD"命令，在弹出的对话框中选择"××图书馆 - 基础平面布置图"（文件将会以 CAD 电子文件提供给读者），单击"打开"按钮，如图 2.3.13 所示。

如图 2.3.14 所示，单击图纸上的图钉形状按钮，修改为"允许改变图元位置"，将图纸移到视图的中心位置，并将 4 个建筑立面图标移到图纸的四周，如图 2.3.15 所示。

单击"建筑"选项卡→"基准"面板→"轴网"工具，在"绘制"面板中选择"拾取线"工具，依次单击原图纸中的各条轴线，全部拾取完后按 Esc 键取消拾取功能，如图 2.3.16 所示。

光标移到图纸的外围，单击选中原来导入的图纸，按 Delete 键删除，如图 2.3.17 所示。

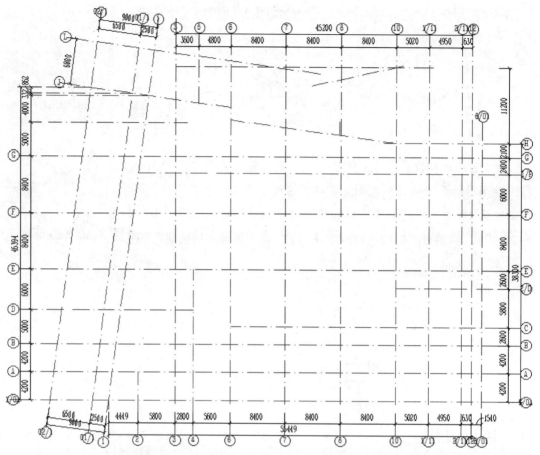

图 2.3.12　创建 ×× 图书馆建筑轴网

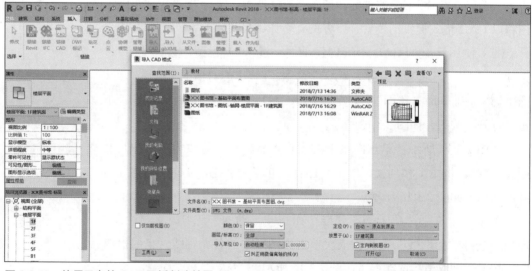

图 2.3.13　使用已有的 CAD 图纸创建轴网

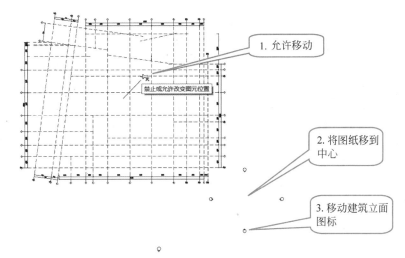

图 2.3.14　移动前图纸位置

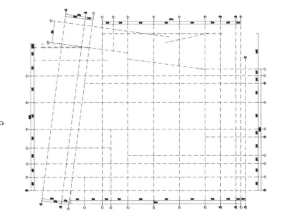

图 2.3.15　移动后图纸位置

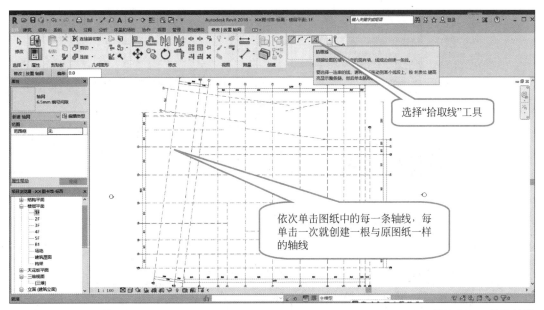

图 2.3.16　拾取轴线

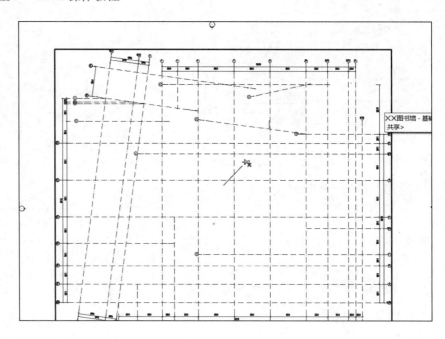

图 2.3.17　删除导入图纸

编辑轴网类型，如图 2.3.18 所示。

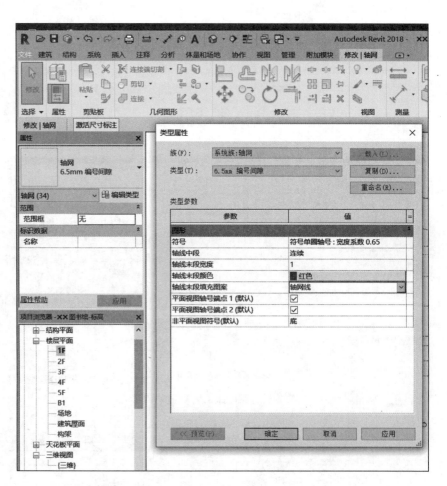

图 2.3.18　编辑轴网类型

根据原图纸修改轴网编号，如图 2.3.19 所示。

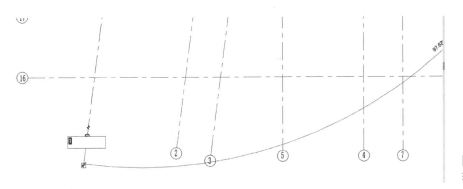

图 2.3.19　修改
轴网编号

单击"注释"选项卡→"尺寸标注"面板→"对齐"工具，做尺寸标注，如图 2.3.20 所示。

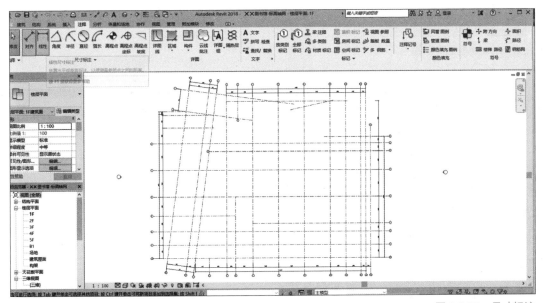

图 2.3.20　尺寸标注

选中所有尺寸标注，单击"剪贴板"面板中的"复制到剪贴板"工具，如图 2.3.21 所示。

单击"剪贴板"面板中的"粘贴"工具下面的向下小三角形按钮，选择"与选定的视图对齐"，如图 2.3.22 所示。

选择除 1F 以外的其他楼层平面视图，单击"确定"按钮，将所有尺寸标注复制到其他的楼层平面视图中，如图 2.3.23 所示。

单击东、西、南、北立面，调整标高的长度和位置，使其与轴网相交。图 2.3.24 和图 2.3.25 所示分别为标高调整前和调整后的视图。

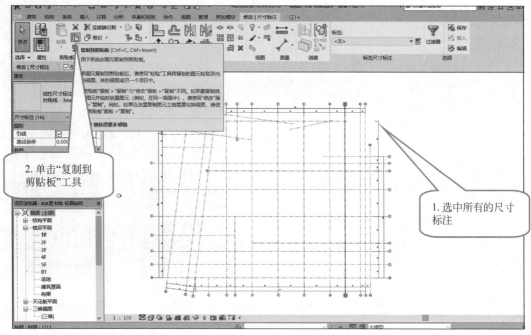

图 2.3.21　复制到剪贴板

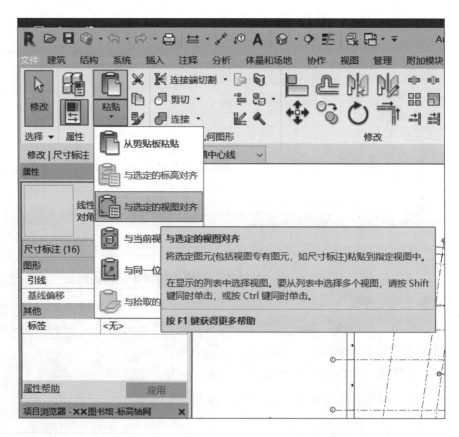

图 2.3.22　粘贴

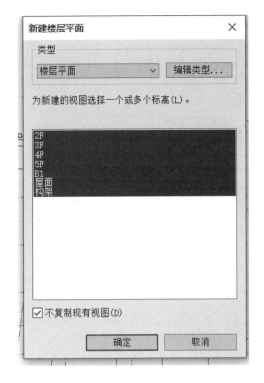

图 2.3.23　选择视图

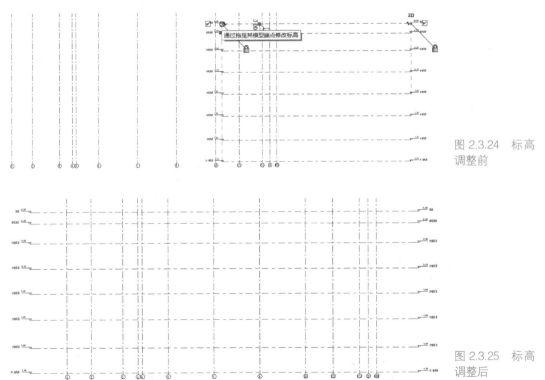

图 2.3.24　标高调整前

图 2.3.25　标高调整后

第3章 结构布置

3.1 布置结构柱和建筑柱

3.1.1 布置结构柱

教学视频：布置
结构柱

📖 知识准备

在建筑设计过程中需要排布柱网，其中包含结构柱与建筑柱。

结构柱是用于对建筑中的垂直承重图元建模，适用于钢筋混凝土柱等与墙材质不同的柱类型，是承载梁和板等构件的承重构件，由结构工程经过专业计算后，确定截面尺寸。在平面视图中结构柱截面与墙截面各自独立。

✍ 实训操作

布置结构柱。

（1）结构柱需建立在结构平面中。启动 Revit 2018，打开第 2 章中操作的"××图书馆"项目文件，单击"视图"选项卡的"创建"面板中的"平面视图"工具，选择"结构视图"，选择所有标高，单击"确定"按钮，为该项目所有标高创建结构平面，如图 3.1.1 所示。

（2）双击"项目浏览器"中的"结构平面"，双击"1F"，打开一层平面视图，单击"结构"选项卡→"结构"面板→"柱"工具，如图 3.1.2 所示。

（3）单击"修改 | 放置 结构柱"上下文选项的"模式"面板中的"载入族"工具，选择系统族中的"结构"→"柱"→"混凝土"→"混凝土 - 矩形 - 柱"（不同版本目录会稍有不同），如图 3.1.3 所示。

（4）单击"属性"面板中的"编辑类型"按钮，在"类型属性"对话框中单击"复制"按钮，输入类型

新建结构平面 ✕

类型

结构平面 ▾ 编辑类型...

为新建的视图选择一个或多个标高(L)。

1F
2F
3F
4F
5F
B1
屋面
构架

☑ 不复制现有视图(D)

确定　　取消

图 3.1.1　创建结构平面

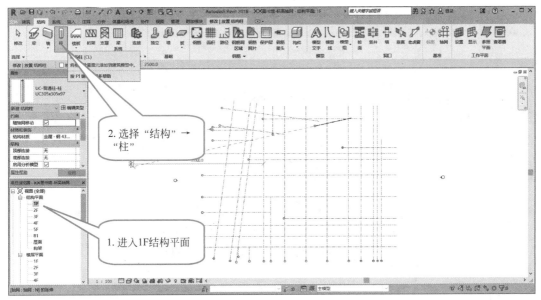

图 3.1.2 创建结构柱

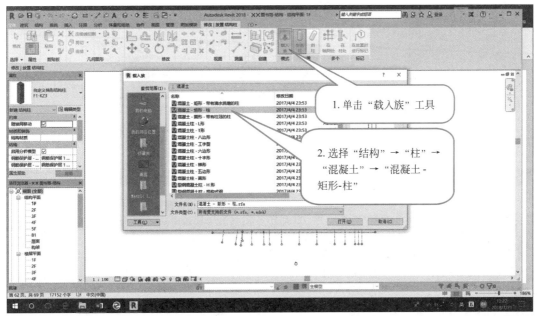

图 3.1.3 载入族

名称为 "F1 KZ1 600mm×600mm"，修改柱的尺寸：b 为 600mm，h 为 600mm，得到符合图纸要求的柱类型，如图 3.1.4 所示。

（5）选择 "垂直柱"，在 "修改|放置 结构柱" 选项栏中选择 "高度" "2F"，以确定结构柱从 1F 到 2F 的高度，在 A-7 轴的位置单击，完成一根结构柱的放置，如图 3.1.5 所示。

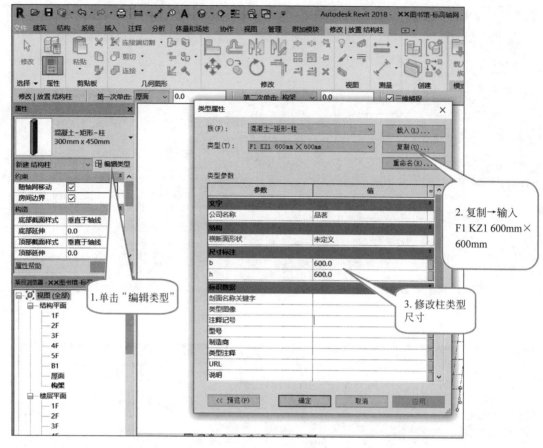

图 3.1.4 复制修改结构柱类型

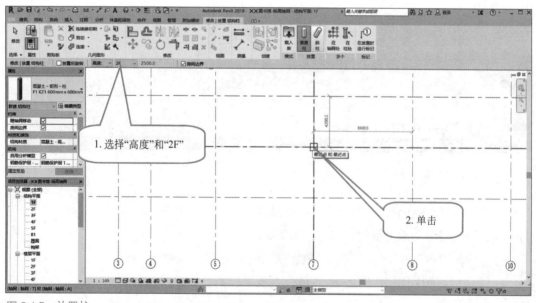

图 3.1.5 放置柱

（6）选择"修改"，选中该结构柱，使用"移动"工具将该柱子移动到如图 3.1.6 所示位置。

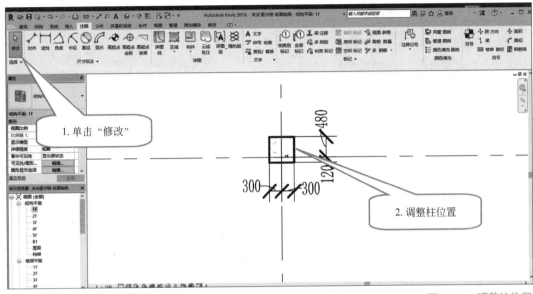

图 3.1.6　调整柱位置

（7）选择"修改"，选中该结构柱，使用"复制"工具，将复制"多个"打钩，将该柱子复制到其他位置，如图 3.1.7 所示。

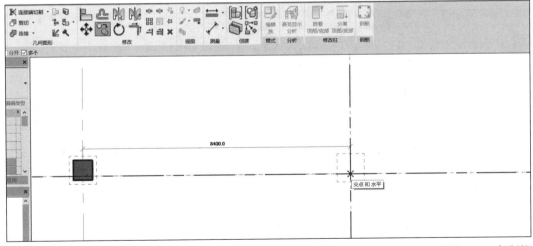

图 3.1.7　复制柱

（8）放置斜柱：创建斜柱的方法与创建垂直柱的方法基本相同，只是在选择工具时将"垂直柱"改为"斜柱"。选项栏中选择"第一次单击"为"1F"和"第二次单击"为"2F"，在轴网上单击一层斜柱所在的位置

（在此可任意找一个点尝试），在轴网上单击二层斜柱所在的位置（在此可任意找另一个点单击），如图 3.1.8 所示。

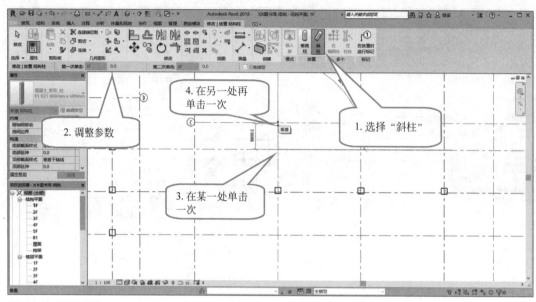

图 3.1.8　放置斜柱

（9）选择"项目浏览器"中的"三维视图"→"三维"选项，将显示三维的柱，如图 3.1.9 所示。

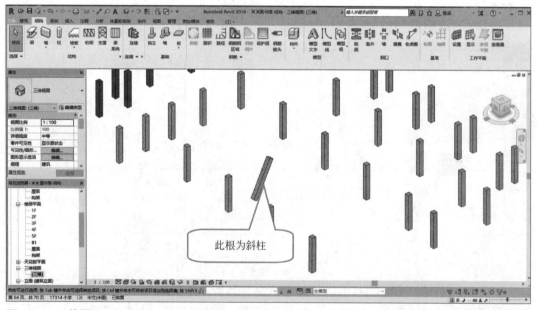

图 3.1.9　三维视图

（10）结构柱实例属性：单击任意一根结构柱，"属性"面板中将显示结构柱的实例属性，如图 3.1.10 所示，可通过属性值的设置改变结构柱的实例属性。

3.1.2　布置自定义结构柱

📖 知识准备

当系统族中的构件无法满足实际项目要求时，可以用新建族的方式自定义结构柱形状，以满足实际工程的建模需要。

✎ 实训操作

布置自定义结构柱。

（1）新建自定义结构柱：启动 Revit 2018，打开前面操作的"××图书馆"项目文件，单击左上角"文件"菜单→"新建"工具→"族"按钮，如图 3.1.11 所示。

教学视频：布置自定义结构柱

图 3.1.10　结构柱实例属性

图 3.1.11　新建自定义结构柱

（2）选择"公制结构柱"族样板文件，如图 3.1.12 所示。

（3）修改楼层平面"低于参照标高"平面的尺寸，并添加参照线，如图 3.1.13 所示。

（4）单击"创建"选项卡的"形状"面板中的"拉伸"工具,使用"修改｜创建拉伸"上下文选项的"绘制"面板中的"直线"工具,绘制如图 3.1.14

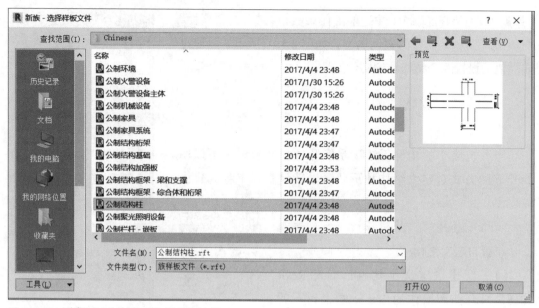

图 3.1.12 选择"公制结构柱"族样板文件

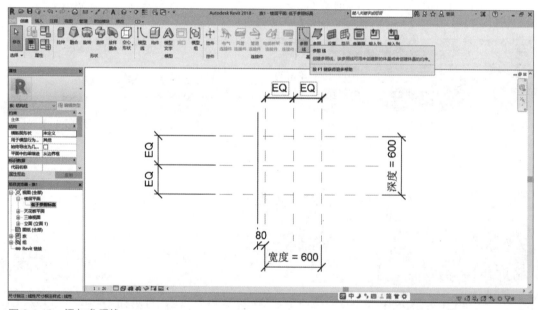

图 3.1.13 添加参照线

所示的梯形，单击"模式"面板中的"完成编辑模式"按钮。

（5）双击"项目浏览器"中的"前"立面，选中柱子，单击向上箭头，调整柱的高度至"高于参照标高"，单击边上的锁，创建对齐约束（这一步一定要做，否则创建的柱不会根据建筑的标高而改变高度），调整柱的底部至"低于参照标高"，单击边上的锁，创建对齐约束，如图 3.1.15 所示。

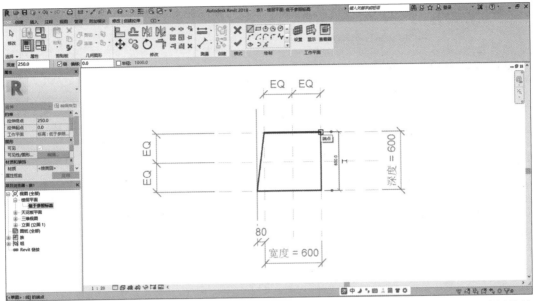

图 3.1.14 创建拉伸

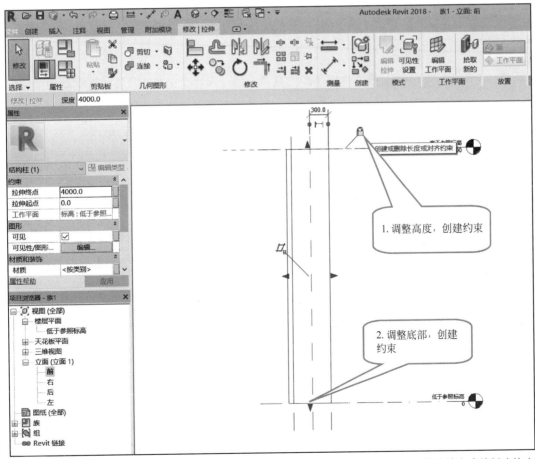

图 3.1.15 调整拉伸高度并创建约束

（6）在"属性"面板中设置"用于模型行为的材质"为"混凝土"，如图 3.1.16 所示。

图 3.1.16　设置用于模型行为的材质

（7）单击快速访问工具栏中的"保存"工具或"文件"菜单中的"保存"工具，保存创建的结构柱族为"自定义梯形结构柱"，如图 3.1.17 所示。

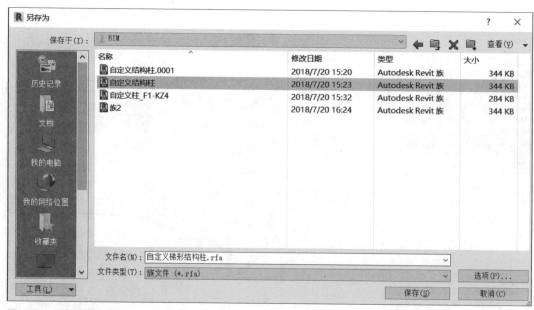

图 3.1.17　保存族

（8）单击"族编辑器"面板中的"载入到项目"，将创建好的结构柱载入到"××图书馆"项目中，如图 3.1.18 所示。

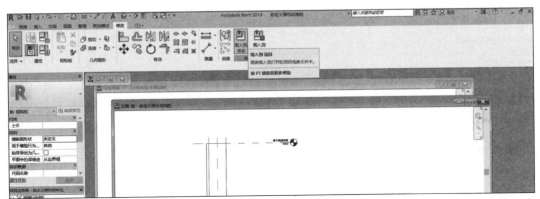

图 3.1.18　载入到项目

（9）单击"修改 | 放置 结构柱"上下文选项→"放置"面板→"垂直柱"工具，在"属性"面板中选择"自定义梯形结构柱"，单击"编辑类型"按钮，在弹出的"类型属性"对话框中单击"复制"按钮，输入名称"F1-KZ3"，单击"确定"按钮，如图 3.1.19 所示。

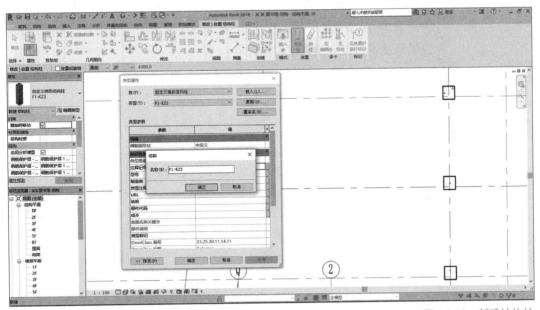

图 3.1.19　新建结构柱

（10）在"修改 | 放置 结构柱"选项栏中选择"高度""2F"，以确定结构柱从 1F 到 2F 的高度，在 A-1 轴的相交处单击，完成一根自定义柱的放置，如图 3.1.20 所示。

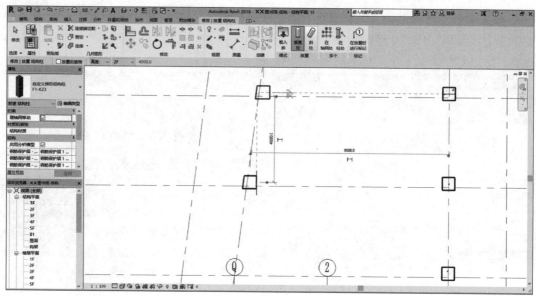

图 3.1.20 放置自定义柱

💻 **实战训练**

创建 ×× 图书馆结构柱：使用 3.1.1 小节和 3.1.2 小节介绍的结构柱创建和编辑方法，并结合 1.3.2 小节编辑图元中的移动、复制、偏移、阵列、删除等工具，绘制 ×× 图书馆的结构柱，如图 3.1.21 所示。图 3.1.22 所示为 1F 结构柱三维图。×× 图书馆结构柱平面定位图将以 CAD 格式提供给读者，以方便查看详细尺寸。

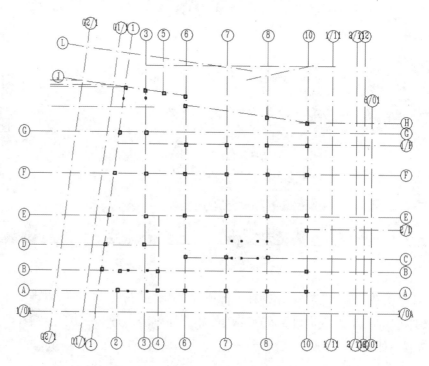

图 3.1.21 ×× 图书馆 1F 结构柱布置

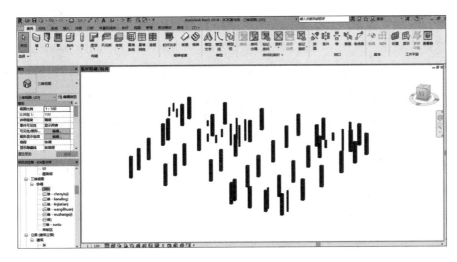

图 3.1.22 ×× 图书馆 1F 结构柱三维图

3.1.3 布置建筑柱

📖 知识准备

建筑柱主要起到装饰作用，并不参与结构计算，适用于墙垛等柱类型，可以自动继承其连接到墙体等其他构件的材质。

✎ 实训操作

布置建筑柱。

（1）启动 Revit 2018，打开前面操作的"×× 图书馆"项目文件，双击"项目浏览器"中的"楼层平面"，双击"1F"，打开一层平面视图，单击"建筑"选项卡→"构建"面板→"柱"工具，选择"柱：建筑"，如图 3.1.23 所示。

教学视频：布置建筑柱

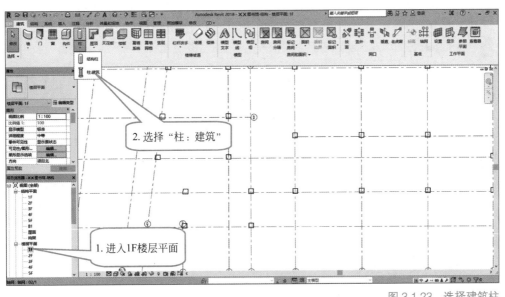

图 3.1.23 选择建筑柱

（2）单击"属性"面板中的"编辑类型"按钮，在"类型属性"对话框中单击"复制"按钮，输入类型名称为"F1 GZ1 240mm×240mm"，修改柱的尺寸：b 为 240mm，h 为 240mm，得到符合图纸要求的建筑柱类型，如图 3.1.24 所示。

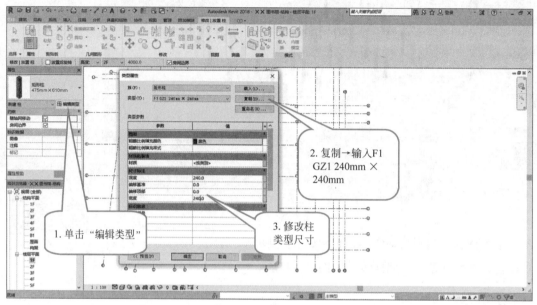

图 3.1.24　复制修改建筑柱类型

（3）在"修改|放置 柱"选项栏中选择"高度""2F"，以确定建筑柱从 1F 到 2F 的高度，在轴线的相交处单击，完成一根建筑柱的放置，如图 3.1.25 所示。

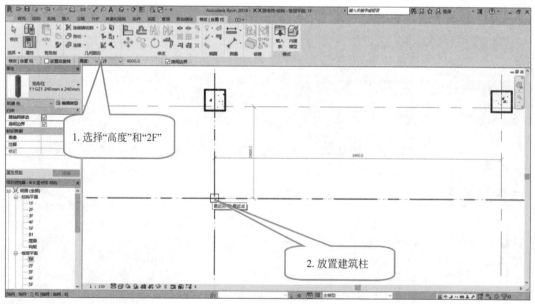

图 3.1.25　放置建筑柱

（4）建筑柱实例属性：单击该建筑柱，"属性"面板中将显示建筑柱的实例属性，如图 3.1.26 所示，可通过对属性值的设置改变建筑柱的实例属性。

3.2　绘制结构梁

📖 知识准备

结构梁是用于承重用途的结构图元。每个梁的图元都是通过特定梁族的类型属性定义的，此外，还可以修改各种实例属性来定义梁的功能。

✎ 实训操作

绘制结构梁。

（1）启动 Revit 2018，打开前面操作的"××图书馆"项目文件，双击"项目浏览器"中的"结构平面"，双击"2F"，打开二层平面视图，单击"结构"选项卡→"结构"面板→"梁"工具，如图 3.2.1 所示。

图 3.1.26　建筑柱实例属性

教学视频：绘制结构梁

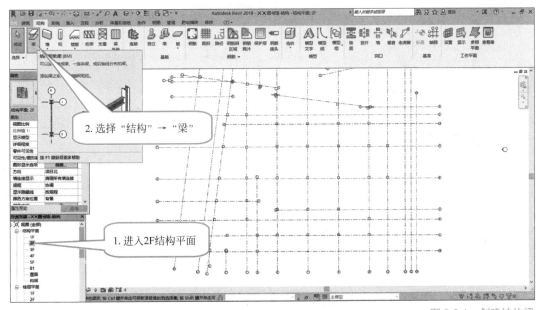

图 3.2.1　创建结构梁

（2）单击"修改 | 放置 梁"上下文选项→"模式"面板→"载入族"工具，选择系统族中的"结构"目录下的"框架"下的"混凝土"下的"混凝土 - 矩形梁"（不同版本目录会稍有不同），如图 3.2.2 所示。

（3）单击"属性"面板中的"编辑类型"按钮，在"类型属性"对

话框中单击"复制"按钮，输入类型名称为"F2 KL1 240mm×750mm"，
修改梁的尺寸：b 为 240mm，h 为 750mm，得到符合图纸要求的梁类型，
如图 3.2.3 所示。

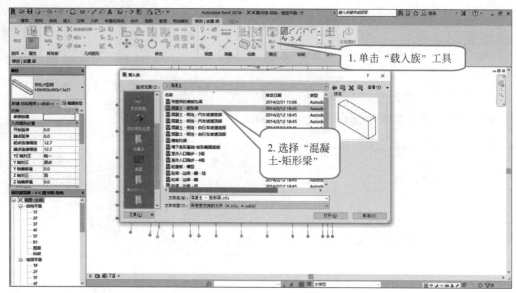

图 3.2.2　载入混凝土 - 矩形梁族

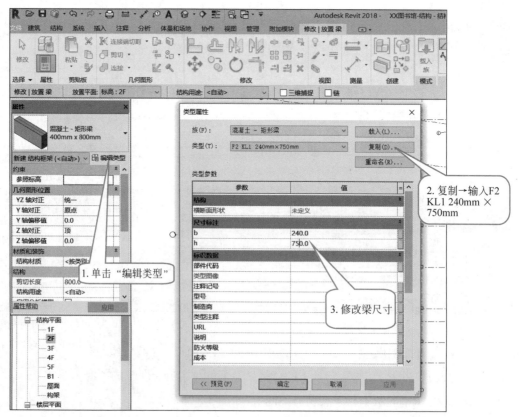

图 3.2.3　复制修改矩形梁类型

（4）选择"线"工具，在"修改|放置 梁"选项栏中，"放置平面"
选择"标高""2F"，"结构用途"选择"自动"，在 B-1 至 K-1 之间绘制
框架梁 KL1，如图 3.2.4 所示。

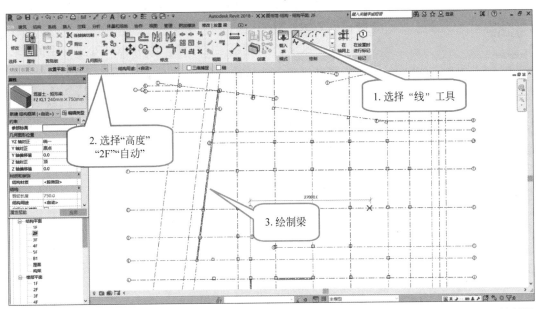

图 3.2.4　绘制梁

（5）选择"项目浏览器"中的"三维视图"→"三维"选项，将显
示三维的梁，如图 3.2.5 所示。

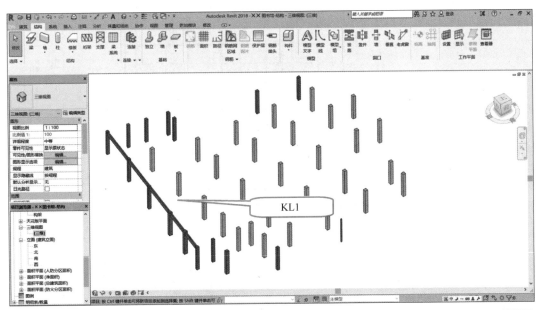

图 3.2.5　三维视图

属性	
混凝土 - 矩形梁 F2 KL1 240mm×750mm	
结构框架 (大梁) (1)	编辑类型
约束	
参照标高	2F
工作平面	标高: 2F
起点标高偏移	−1600.0
终点标高偏移	0.0
方向	标准
横截面旋转	0.00°
几何图形位置	
YZ 轴对正	统一
Y 轴对正	原点
Y 轴偏移值	0.0
Z 轴对正	顶
Z 轴偏移值	0.0
材质和装饰	
结构材质	<按类别>
结构	
剪切长度	36569.3
结构用途	大梁
起点附着类型	端点高程
终点附着类型	端点高程
启用分析模型	☑
钢筋保护层 - 顶面	钢筋保护层 1 <25 mm>
钢筋保护层 - 底面	钢筋保护层 1 <25 mm>
钢筋保护层 - 其他面	钢筋保护层 1 <25 mm>
尺寸标注	

图 3.2.6　梁实例属性

（6）梁实例属性：单击 KL1，"属性"面板中将显示梁的实例属性，如图 3.2.6 所示，可通过对属性值的设置改变梁的实例属性，可修改起点标高偏移 −1600，观察三维视图中梁的变化。

💻 实战训练

××图书馆框架梁绘制：使用 3.2.1 小节介绍的梁创建和编辑方法，并结合 1.3.2 小节编辑图元中的移动、复制、偏移、阵列、删除等工具，绘制 ××图书馆的框架梁，如图 3.2.7 所示。图 3.2.8 所示为图书馆一层结构三维图。××图书馆梁布置图将以 CAD 格式提供给读者，以方便查看详细尺寸。

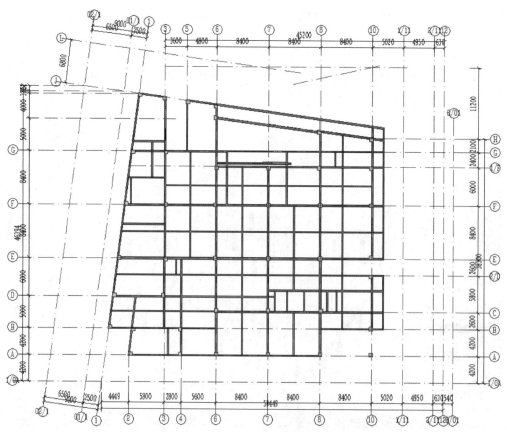

图 3.2.7　××图书馆 2F 框架梁布置

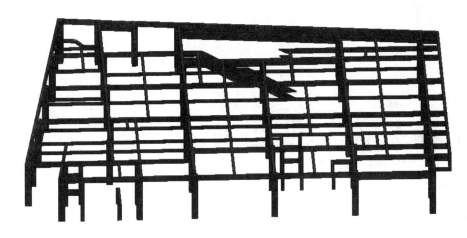

图 3.2.8　××
图书馆一层结构
三维图

第4章 创建墙体

4.1 创建基本墙

4.1.1 创建实体外墙

教学视频：创建
实体外墙和室内
墙体

📖 **知识准备**

在 Revit 中，墙属于系统族，共有 3 种类型的墙族：基本墙、层叠墙和幕墙。

墙体结构：Revit 中的墙包含多个垂直层或区域，墙的类型参数"结构"中定义了墙的每个层的位置、功能、厚度和材质。Revit 中设置了6 种层：面层 1[4]、保温层 / 空气层 [3]、涂膜层、结构 [1]、面层 2[5]、衬底 [2]，如图 4.1.1 所示。[] 内的数字代表优先级，数字越大，该层的

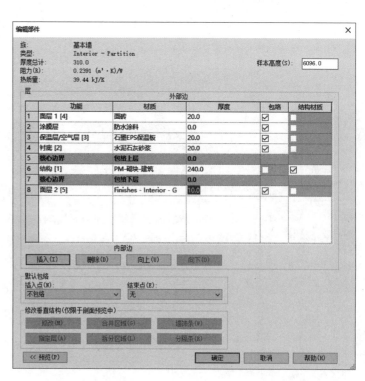

图 4.1.1 墙体结构

优先级越低。当墙与墙相连时，Revit 会首先连接优先级高的层，然后
连接优先级低的层。

结构 [1]：支撑其余墙、楼板或屋顶的层。

衬底 [2]：作为其他材质基础的材质（例如胶合板或石膏板）。

保温层 / 空气层 [3]：隔绝并防止空气渗透。

涂膜层：通常用于防止水蒸气渗透的薄膜。涂膜层的厚度应该为零。

面层 1[4]：面层 1 通常是外层。

面层 2[5]：面层 2 通常是内层。

✎ 实训操作

定义和绘制建筑外墙。

（1）启动 Revit 2018，打开前面操作的"××图书馆"项目文件，
双击"项目浏览器"中的"楼层平面"，双击"1F"，打开一层平面视图，
单击"建筑"选项卡→"构建"面板→"墙"工具→"墙：建筑"按钮，
如图 4.1.2 所示。

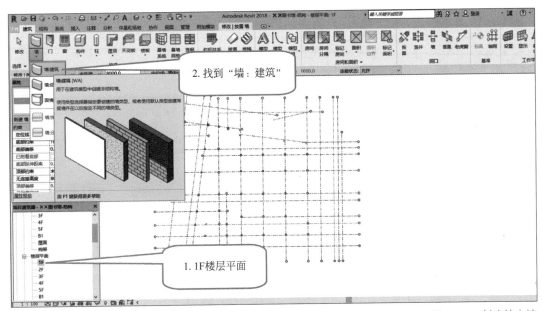

图 4.1.2 创建基本墙

（2）单击"属性"面板，选择"类型"为"基本墙：常规 -200mm"，
单击"编辑类型"按钮，在"类型属性"对话框中单击"复制"按钮，
输入类型名称为"建筑外墙 -240mm"，单击"确定"按钮关闭对话框，
再单击"编辑"按钮，打开墙编辑器，如图 4.1.3 所示。

（3）打开"编辑部件"对话框后，使用"插入"按钮分别插入面层
1 和保温层并设置厚度，使用"向上"按钮将面层 1 和保温层调至核心边

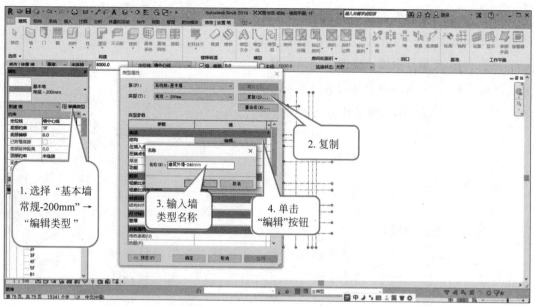

图 4.1.3　复制墙类型

界的外部；同理使用"插入"按钮和"向下"按钮设置面层 2，如图 4.1.4
所示。

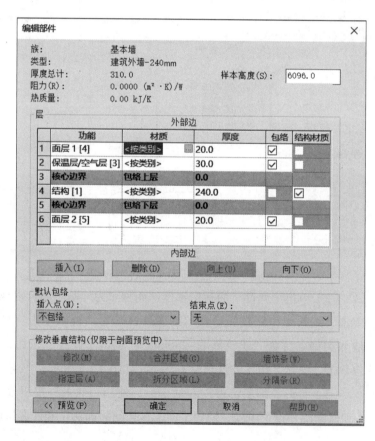

图 4.1.4　定义墙体结构

（4）对面层 1[4] 定义材质：单击第 1 行面层 1 中材质单元格中"按类别"边上的"浏览" 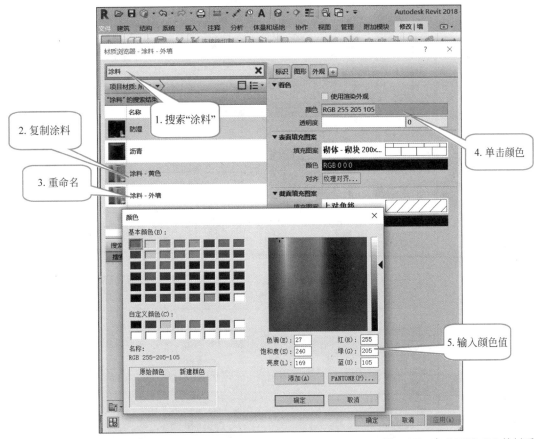 按钮定义材质，在材质浏览器中搜索"涂料"，将材质添加到文档中，选中"涂料 - 黄色"，右击"复制"，双击复制出来的涂料重命名为"涂料 - 外墙"，单击右侧的着色中的颜色，设定为"255，205，105"，如图 4.1.5 所示。

图 4.1.5　定义面层 1[4] 的材质

（5）单击"表面填充图案"，选择"模型"中的"砌体 - 砌块200×400mm"，如图 4.1.6 所示。

（6）单击"截面填充图案"，选择"绘图"中的"上对角线"，如图 4.1.7所示。

（7）按前面的方法设置保温层 / 空气层 [3] 的材质、着色、填充图案，如图 4.1.8 所示。

（8）按前面的方法设置结构 [1] 的材质、着色、填充图案，如图 4.1.9所示。

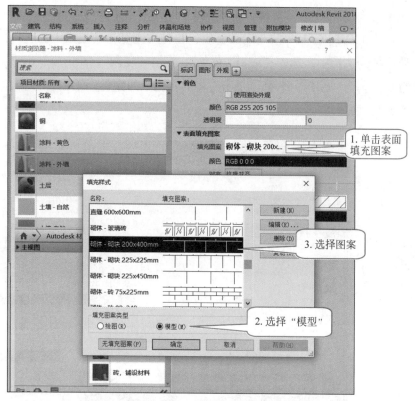

图 4.1.6 定义面层 1[4] 的表面填充图案

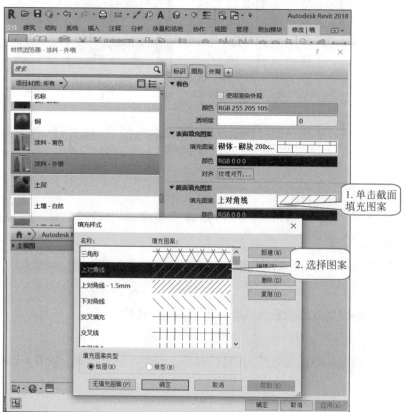

图 4.1.7 定义面层 1[4] 的截面填充图案

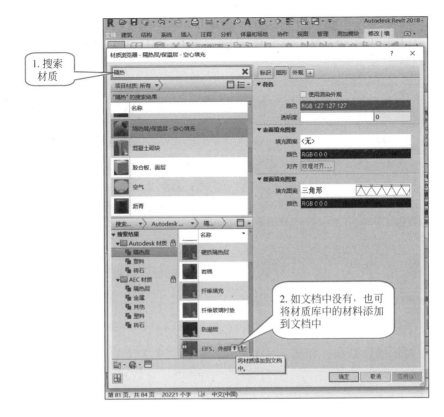

图 4.1.8 定义保温层 / 空气层 [3]

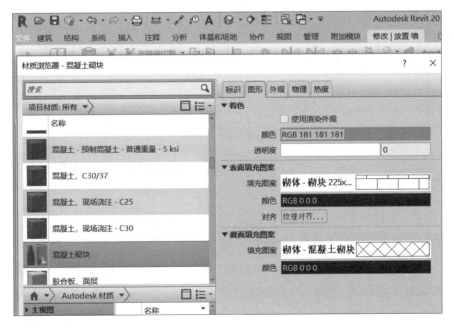

图 4.1.9 定义结构 [1]

（9）按前面的方法设置面层 2[5] 的材质、着色、填充图案，如图 4.1.10
所示。

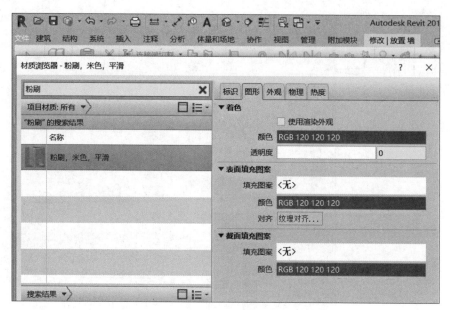

图 4.1.10　定义面层 2[5]

（10）单击"类型属性"对话框中的"预览"按钮，可以预览已编辑好的墙体结构，如图 4.1.11 所示，单击"确定"按钮完成墙体类型的定义。

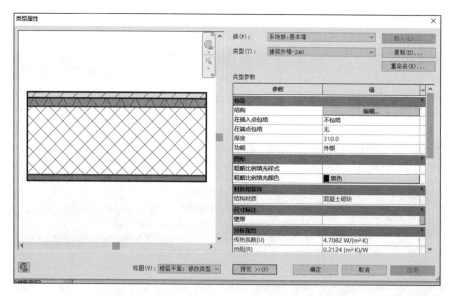

图 4.1.11　预览墙体结构

（11）在"修改丨放置 墙"选项栏中选择"高度""2F"，用于设定绘制墙的立面是从 1F 到 2F，设定位线："核心层中心线"，勾选"链"（勾选链的作用是当绘制完成一段墙后，可以连续绘制其他墙，使其首尾相连，使用"直线"工具在 1F 楼层平面绘制墙，如图 4.1.12 所示。

（12）Revit 还提供了矩形、多边形、圆形、弧线、拾取线等工具，可绘制不同形状的墙体，如图 4.1.13 所示。

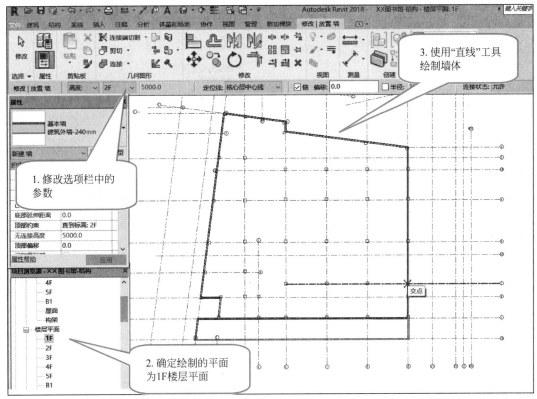

图 4.1.12 绘制墙体

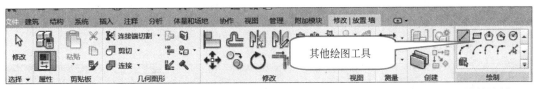

图 4.1.13 墙体绘制工具

（13）选择"项目浏览器"中的"三维视图"→"三维"选项，将显示三维的墙效果，如图 4.1.14 所示，如发现墙体内层和外层方向相反时，可右击该墙体的"修改墙的方向"（如显示不出设置的墙体的颜色和填充图案，可单击视图控制栏中的"视觉样式"，使用"着色""一致的颜色"）。

4.1.2 创建室内墙体

📖 知识准备

建筑内墙和建筑外墙的画法一致，只是墙体的结构会有所不同，在本小节中做简单介绍。

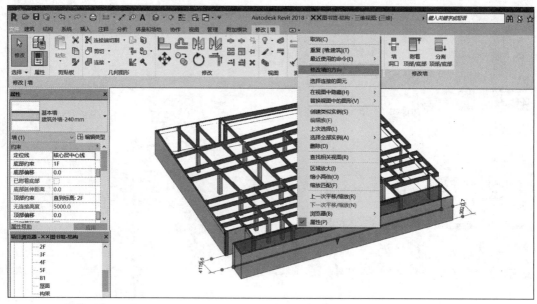

图 4.1.14　墙体三维显示

　　✍ 实训操作

　　定义和绘制建筑内墙。

　　（1）启动 Revit 2018，打开前面操作的"××图书馆"项目文件，双击"项目浏览器"中的"楼层平面"，双击"1F"，打开一层平面视图，单击"建筑"选项卡→"构建"面板→"墙"工具→"墙：建筑"按钮，如图 4.1.15 所示。

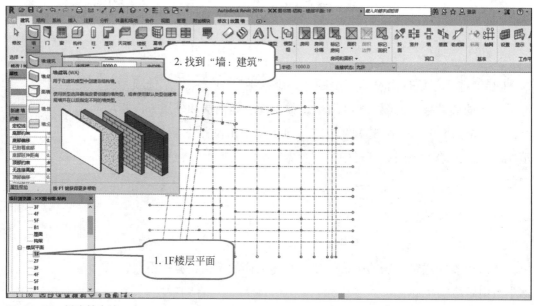

图 4.1.15　创建基本墙

（2）单击"属性"面板，选择"类型"为"基本墙：常规 -200mm"，单击"编辑类型"按钮，在"类型属性"对话框中单击"复制"按钮，输入类型名称为"建筑内墙 -200mm"，单击"确定"按钮，再单击"编辑"按钮，打开墙编辑器，如图 4.1.16 所示。

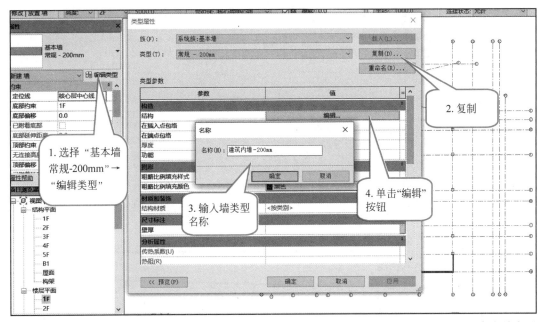

图 4.1.16　复制墙类型

（3）打开"编辑部件"对话框后，使用"插入"按钮，插入面层 1 并设置厚度，使用"向上"按钮将面层 1 调至核心边界的外部；同理，使用"插入"按钮和"向下"按钮设置面层 2，如图 4.1.17 所示。

（4）对面层 1[4] 定义材质：单击第 1 行面层 1 中材质单元格中"按类别"边上的"浏览" ▦ 按钮定义材质，在材质浏览器中搜索"粉刷"，将材质添加到文档中，选中"粉刷，米色，平滑"，右击"复制"，双击复制出来的涂料重命名为"粉刷，白色，平滑"，单击右侧的着色中的颜色，设定为"255，255，255"，如图 4.1.18 所示。

（5）按前面的方法设置结构 [1] 的材质、着色，如图 4.1.19 所示。

（6）按前面的方法设置面层 2[5] 的材质、着色，如图 4.1.20 所示。

（7）在"修改 | 放置 墙"选项栏中选择"高度""2F"，用于设定绘制墙的立面是从 1F 到 2F，设定位线："核心层中心线"，勾选"链"，使用"直线"工具在 1F 楼层平面绘制内墙，如图 4.1.21 所示。

（8）选择"项目浏览器"中的"三维视图"→"三维"选项，将显示三维的墙效果，如图 4.1.22 所示。

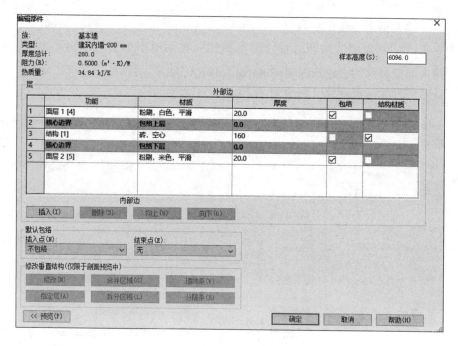

图 4.1.17 定义
墙体结构

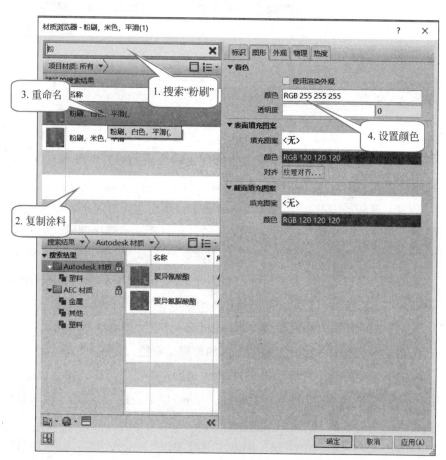

图 4.1.18 定义
面层 1[4]

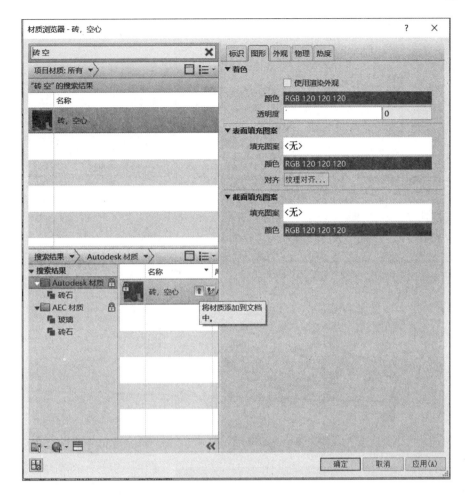

图 4.1.19　定义结构 [1]

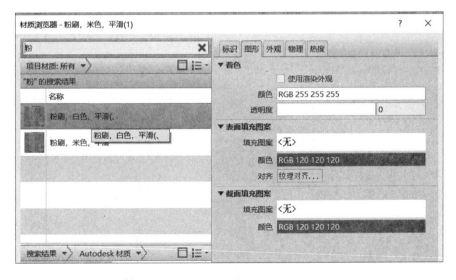

图 4.1.20　定义面层 2[5]

　　（9）选中某一面墙，"属性"面板中将显示该墙体类型和所有的属性，如图 4.1.23 所示，用户也可以通过修改相应的属性改变墙体的位置等。

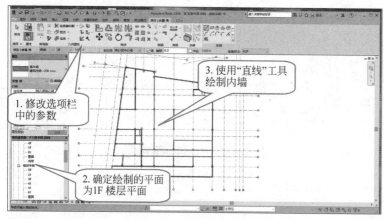

图 4.1.21　绘制墙体

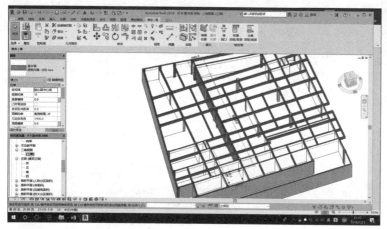

图 4.1.22　墙体三维显示

图 4.1.23　墙体属性

教学视频：创建
墙饰条

4.1.3　创建墙饰条

📖 知识准备

在 Revit 中，可使用"墙：饰条"工具向墙中添加踢脚板、散水或其他类型的墙体装饰。与墙体创建不同，墙饰条创建需要打开立面视图或三维视图，如图 4.1.24 所示。

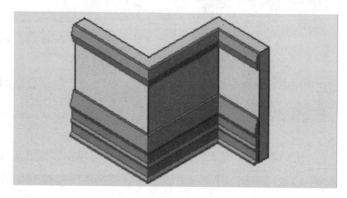

图 4.1.24　墙饰条

✍ 实训操作

创建建筑外墙散水。

（1）新建散水截面轮廓族：启动 Revit 2018，打开前面操作的"××图书馆"项目文件，单击"文件"菜单→"新建"工具，选择"族"文件→"公制轮廓"族样板文件，单击"打开"按钮，如图 4.1.25 所示。

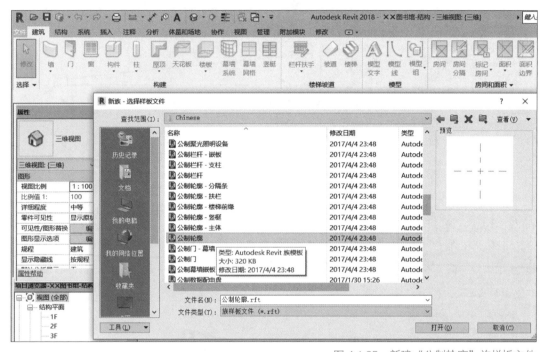

图 4.1.25　新建"公制轮廓"族样板文件

（2）使用"创建"选项卡中的"线"工具，绘制首尾相连且封闭的散水截面轮廓，如图 4.1.26 所示。单击"保存"按钮，命名文件名为"室外散水截面轮廓"，单击"族编辑器"面板中的"载入到项目"工具，将创建好的散水截面轮廓载入到"××图书馆"项目中。

（3）双击"项目浏览器"中的"三维视图"，双击"三维"，打开三维视图，选中所有的建筑外墙，将"属性"面板中墙的底部偏移量改为"－600"，如图 4.1.27 所示。

（4）单击"建筑"选项卡→"构建"面板→"墙"工具→"墙：饰条"按钮，如图 4.1.28 所示。

（5）单击"属性"面板中的"编辑类型"按钮，在"类型属性"对话框中单击"复制"按钮，输入类型名称为"800 宽室外散水"。修改类型参数：勾选"被插入对象剪切"，即当墙饰条位置插入门窗洞口时自动被洞口打断；构造轮廓选择刚刚新建的"室外散水截面轮廓"；材质选择

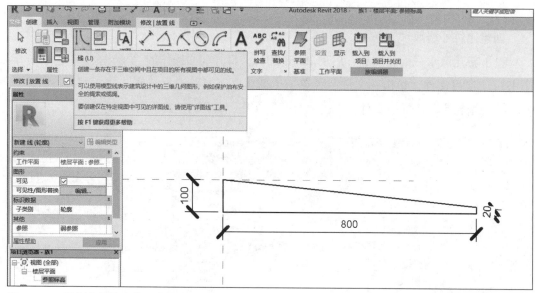

图 4.1.26　绘制室外散水截面轮廓

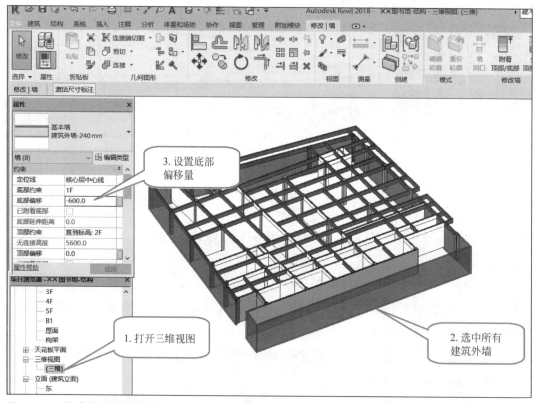

图 4.1.27　修改建筑外墙底部偏移

"混凝土 - 现场浇注混凝土"。单击"确定"按钮退出"类型属性"编辑，
修改相对标高的偏移量为"0"，如图 4.1.29 所示。

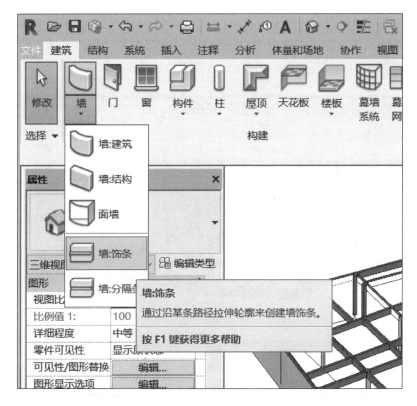

图 4.1.28　创建墙饰条

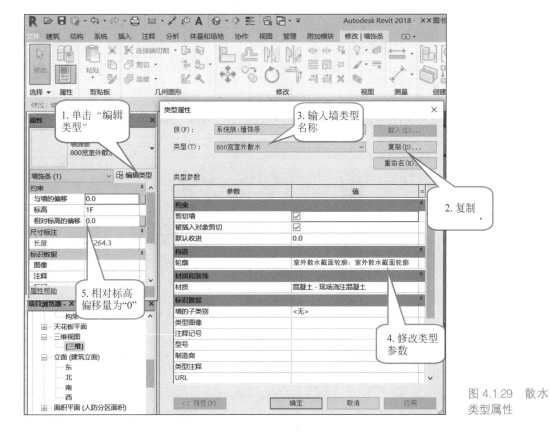

图 4.1.29　散水
类型属性

（6）确认"放置"面板中墙饰条的生成方向为"水平"，即沿墙水平方向生成墙饰条，在三维视图中，分别单击拾取建筑外墙底部边缘，沿所拾取墙底部边缘生成散水，如图 4.1.30 所示。

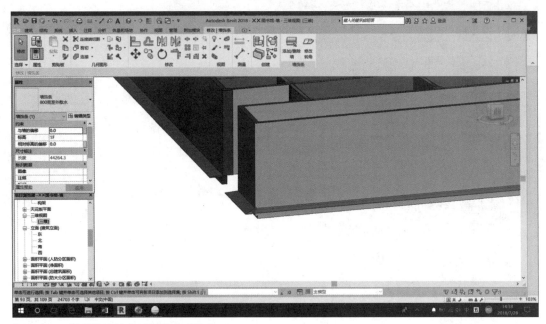

图 4.1.30　沿所拾取墙底部边缘生成散水

教学视频：创建
叠层墙

4.1.4　创建叠层墙

📖 知识准备

叠层墙是 Revit 的一种特殊墙体类型。当一面墙上下有不同的厚度、材质、构造层时，可以用叠层墙来创建，如图 4.1.31 所示。

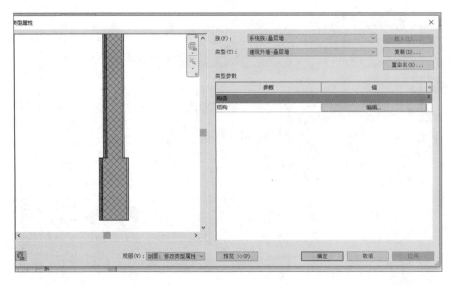

图 4.1.31　叠层
墙结构

✎ 实训操作

定义和绘制叠层墙。

（1）启动 Revit 2018，打开前面操作的"××图书馆"项目文件，双击"项目浏览器"中的"楼层平面"，双击"1F"，打开一层平面视图，单击"建筑"选项卡→"构建"面板→"墙"工具→"墙：建筑"按钮，如图 4.1.32 所示。

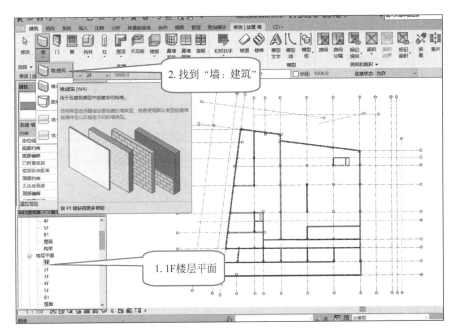

图 4.1.32 创建基本墙

（2）单击"属性"面板，选择"类型"为"建筑外墙 - 240mm"，单击"编辑类型"按钮，在"类型属性"对话框中单击"复制"按钮，输入类型名称为"建筑外墙 - 370mm"，单击"确定"按钮，再单击"编辑"按钮，打开墙编辑器，如图 4.1.33 所示。

（3）打开"编辑部件"对话框后，修改结构 [1] 层的厚度为 370mm，其他参数全部不变，单击"确定"按钮退出"编辑部件"，单击"确定"按钮退出"类型属性"，如图 4.1.34 所示。

（4）单击"属性"面板，选择类型为"叠层墙外部 - 砌块勒脚砖墙"，单击"编辑类型"按钮，在"类型属性"对话框中单击"复制"按钮，输入类型名称为"建筑外墙 - 叠层墙"，单击"确定"按钮，再单击"编辑"按钮，打开墙编辑器，如图 4.1.35 所示。

（5）在"编辑部件"对话框中设置底部为 900mm 高的"建筑外墙 - 370mm"，顶部是可变高度的"建筑外墙 - 240mm"，如图 4.1.36 所示，单击"确定"按钮退出"编辑部件"，单击"确定"按钮退出"类型属性"。

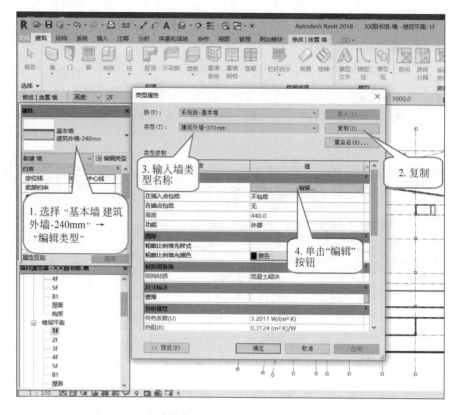

图 4.1.33 复制墙类型

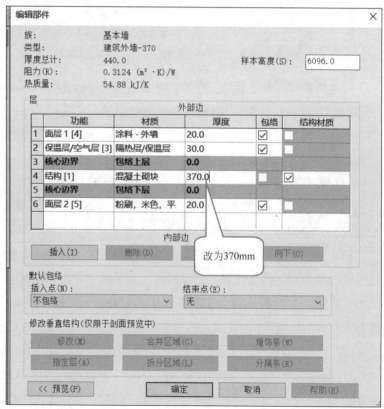

图 4.1.34 修改结构层墙体厚度

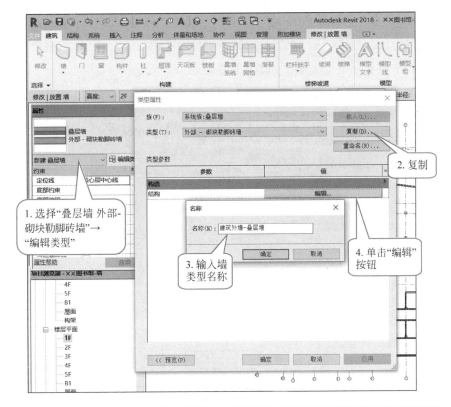

图 4.1.35　复制叠层墙类型

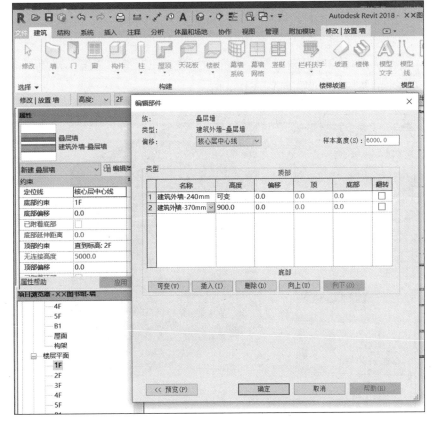

图 4.1.36　编辑叠层墙部件

（6）在"修改 | 放置 墙"选项栏中选择"高度""2F"，用于设定绘制墙的立面是从 1F 到 2F，设定位线："核心层中心线"，使用"直线"工具在 1F 楼层平面绘制墙，如图 4.1.37 所示。

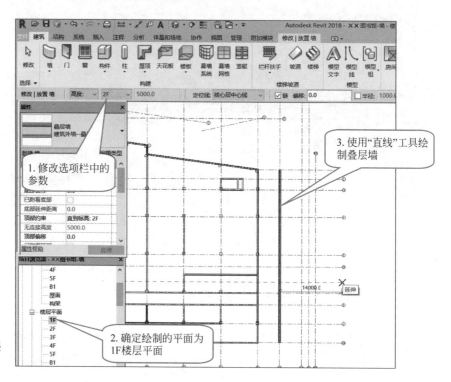

图 4.1.37　绘制叠层墙

（7）选择"项目浏览器"中的"三维视图"→"三维"选项，将显示三维的叠层墙效果，如图 4.1.38 所示。

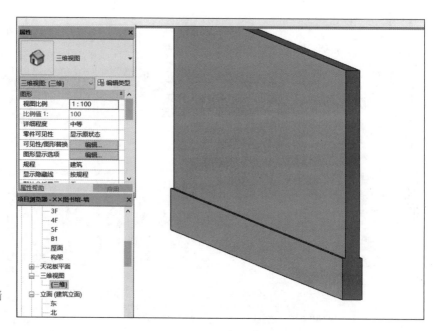

图 4.1.38　叠层墙三维显示

4.2　创建玻璃幕墙

📖 知识准备

建筑幕墙是建筑的外墙围护结构，不承重，像幕布一样挂上去，故又称为"帷幕墙"，是现代大型和高层建筑常用的带有装饰效果的轻质墙体。由面板（玻璃、金属板、石板、陶瓷板等）和支撑结构体系（铝横梁立柱、钢结构、玻璃肋等）组成，可相对主体结构有一定的位移能力或自身有一定的变形能力、不承担主体结构所作用的建筑外围护结构或装饰性结构（外墙框架式支撑体系也是幕墙体系的一种）。

教学视频：创建玻璃幕墙

在 Revit 中，幕墙由 3 部分组成：幕墙网格、幕墙竖梃、幕墙嵌板，如图 4.2.1 所示。

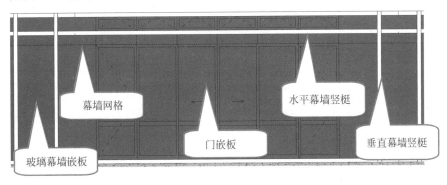

图 4.2.1　幕墙结构

幕墙嵌板：构成幕墙的基本单元，幕墙由一块或多块幕墙嵌板组成。

幕墙网格：控制整个幕墙的划分，竖梃以及幕墙嵌板的大小、数量都基于幕墙网格的建立。

幕墙竖梃：即幕墙龙骨，沿幕墙网格生成的线性构件。

在 Revit 中，有 3 种幕墙类型，如图 4.2.2 所示。

幕墙：建立的幕墙没有网格或竖梃，后续可手动分割幕墙网格，添加竖梃。

外部玻璃：具有预设网格，简单预设了横向与纵向的幕墙网格的划分，如果设置不合适，可以修改网格规划。

图 4.2.2　3 种幕墙类型

店面：具有预设的网格和竖梃，如果设置不合适，可以修改网格和竖梃规划。

✎ 实训操作

定义和绘制幕墙。

（1）启动 Revit 2018，打开前面操作的"××图书馆"项目文件，双击"项目浏览器"中的"楼层平面"，双击"1F"，打开一层平面视图，单击"建筑"选项卡→"构建"面板→"墙"工具→"墙：建筑"按钮，如图 4.2.3 所示。

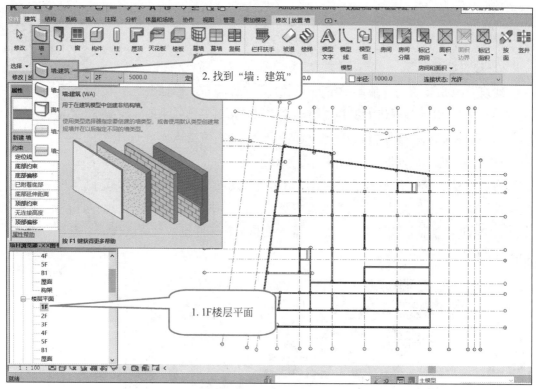

图 4.2.3　创建基本墙

（2）单击"属性"面板，选择类型为"幕墙"，单击"编辑类型"按钮，在"类型属性"对话框中单击"复制"按钮，输入类型名称为"建筑一楼东面幕墙"，单击"确定"按钮，勾选"自动嵌入"，单击"确定"按钮退出幕墙"类型属性"的编辑，如图 4.2.4 所示。

（3）在"修改 | 放置 墙"选项栏中选择"未连接""3800"，用于设定幕墙的立面是从 1F 到 3800，设定位线："墙中心线"，使用"直线"工具在 1F 楼层平面东侧外墙 2/D 到 H 轴之间绘制幕墙，如图 4.2.5 所示。

（4）选择"项目浏览器"中的"立面"→"东立面"选项，"视觉样式"为"着色"，单击幕墙处选中幕墙，如图 4.2.6 所示。

（5）单击"编辑类型"按钮，设置垂直网格：固定距离，1050，单击"确定"按钮，如图 4.2.7 所示。

（6）手动设置修改网格线：单击"建筑"选项卡→"构建"面板→"幕墙网格"工具，进入"修改 | 放置 幕墙网格"上下文选项，如图 4.2.8 所示。

（7）手动放置网格线：单击"放置"面板中的"全部分段"工具，在幕墙水平方向距离从顶部向下间隔 500mm 和 300mm 处放置水平网格线，如图 4.2.9 所示。

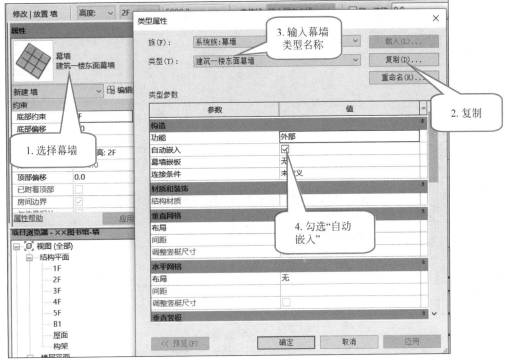

图 4.2.4　复制幕墙类型

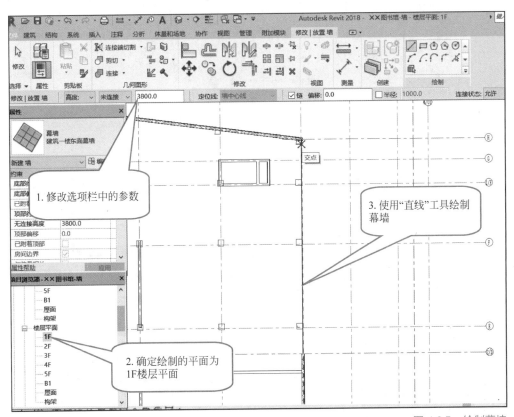

图 4.2.5　绘制幕墙

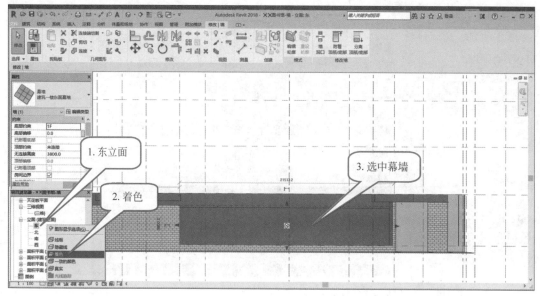

图 4.2.6　幕墙立面

图 4.2.7　通过
修改类型属性
设置网格

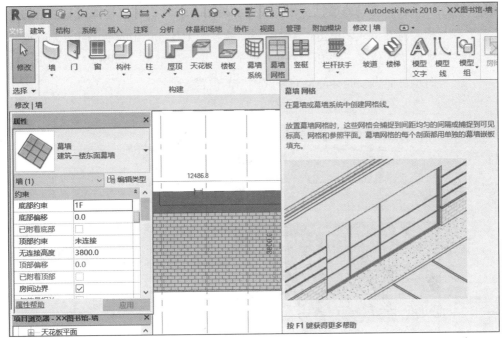

图 4.2.8 幕墙网格工具

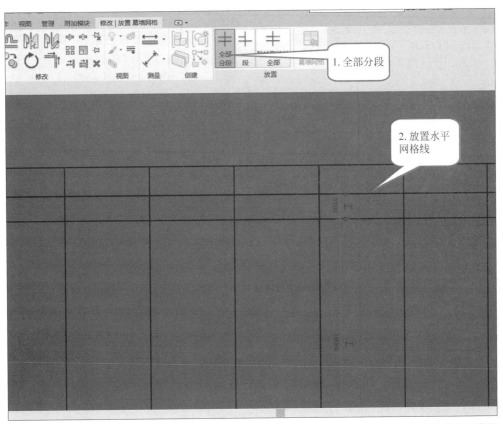

图 4.2.9 手动放置网格线

（8）手动修改网格线：单击"修改"工具，选中 E 轴到 F 轴中的一根竖向网格线，单击"添加 / 删除线段"工具，单击线条中需要删除或添加网格的位置，按 Esc 键退出删除功能，查看结果，如图 4.2.10 所示，同时也可通过临时标注尺寸修改网格的位置。

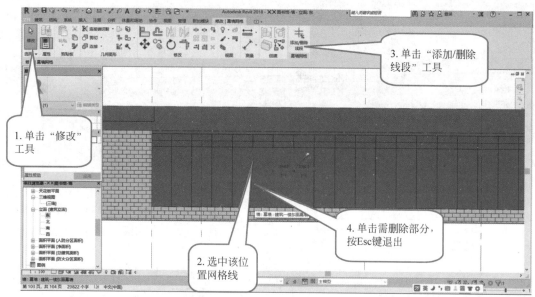

图 4.2.10　手动修改网格

（9）设置幕墙嵌板：单击"修改"工具，选中整个幕墙，单击"属性"面板中的"编辑类型"按钮，将整个幕墙的嵌板设为"系统嵌板：玻璃"，单击"确定"按钮退出，如图 4.2.11 所示。

（10）载入幕墙门窗嵌板：单击"插入"选项卡→"载入族"工具，进入"建筑"目录下的"幕墙"下的"门窗嵌板"目录，使用 Ctrl 键和鼠标左键，选中"窗嵌板 - 上悬无框铝窗""门嵌板 _ 单嵌板无框铝门""门嵌板 _ 四扇推拉无框铝门"3 个族文件，如图 4.2.12 所示，单击"打开"按钮退出。

（11）选中单块玻璃嵌板：在东立面上，将光标移至中间需放置四扇门的嵌板位置的网格线边缘，使用 Tab 键，观察左下角状态栏的变化，当状态栏出现"幕墙嵌板：系统嵌板：玻璃：R0"时，单击选中中间这块大的嵌板，单击禁止改变图元位置开关，变成允许改变图元位置的状态，如图 4.2.13 所示。

（12）编辑某块玻璃嵌板为门或窗嵌板：接刚才选中的玻璃嵌板，在"属性"面板的"类型"中选择"门嵌板 _ 四扇推拉无框铝门 _ 有横档"，如图 4.2.14 所示。

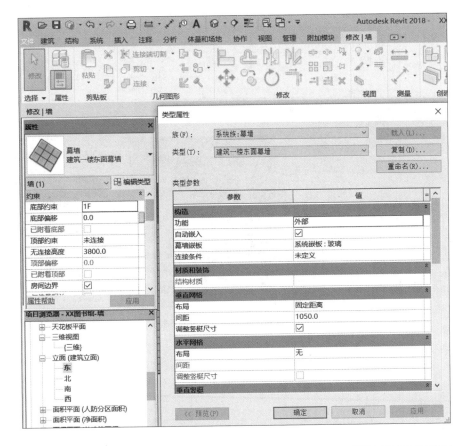

图 4.2.11 设置整体幕墙嵌板

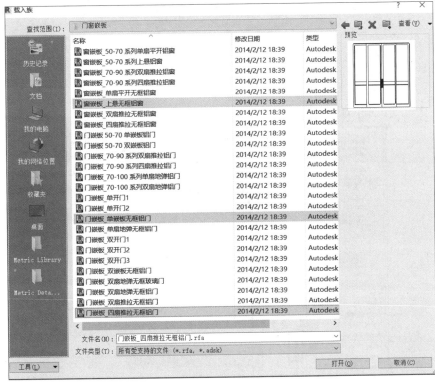

图 4.2.12 载入幕墙门窗嵌板

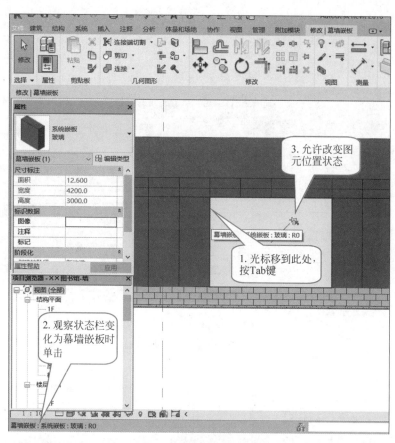

图 4.2.13　选中单块玻璃嵌板

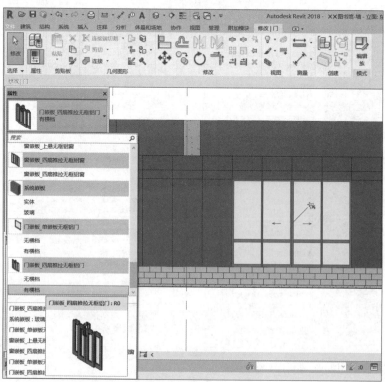

图 4.2.14　编辑某块玻璃嵌板为门或窗嵌板

（13）使用前面同样的方法，在四扇推拉无框铝门的左右两边分别设置两扇"门嵌板_单嵌板无框铝门_有横档"，在门的上部分设置六扇"窗嵌板_上悬无框铝窗"，如图 4.2.15 所示。

图 4.2.15　编辑某块玻璃嵌板为门或窗嵌板

（14）单击"建筑"选项卡，选择"构建"面板中的"竖梃"工具，如图 4.2.16 所示。

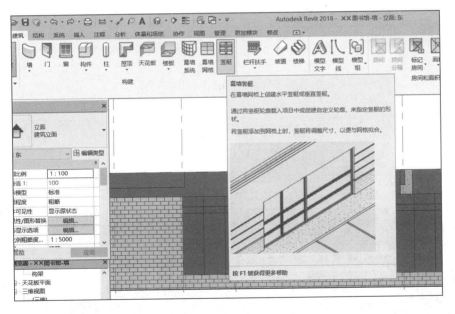

图 4.2.16　添加幕墙竖梃

（15）在"属性"面板中单击"编辑类型"按钮，复制一楼东面幕墙竖梃，修改厚度为 120mm，宽度为 50mm，如图 4.2.17 所示。

（16）Revit 中有 3 种放置竖梃的工具，如图 4.2.18 所示。网格线：创建当前选中的网格线从头到尾的竖梃；单段网格线：创建当前网格线中所选网格内的其中一段竖梃；全部网格线：创建当前选中幕墙中全部网格线上的竖梃。大家可分别尝试使用以上 3 种工具，看其效果。

类型属性

族(F)：　矩形竖梃　　　　　　　　　载入(L)...

类型(T)：　一楼东面幕墙竖梃　　　　　复制(D)...

重命名(R)...

类型参数

参数	值	=
约束		
角度	0.00°	
偏移	0.0	
构造		
轮廓	系统竖梃轮廓: 矩形	
位置	垂直于面	
角竖梃	☐	
厚度	120.0	
材质和装饰		
材质	金属 - 铝 - 白色	
尺寸标注		
边 2 上的宽度	50.0	
边 1 上的宽度	50.0	
标识数据		
注释记号		
型号		

<< 预览(P)　　　　确定　　　取消　　　应用

图 4.2.17　复制竖梃类型，编辑尺寸

图 4.2.18　放置竖梃工具

（17）为一楼东面幕墙放置如图 4.2.19 所示的竖梃。

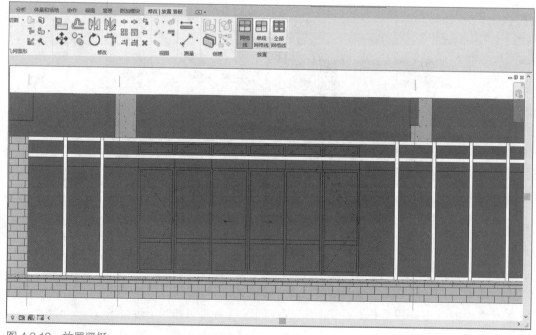

图 4.2.19　放置竖梃

（18）选择"项目浏览器"中的"三维视图"→"三维"选项，将显示三维的幕墙效果，如图 4.2.20 所示。

图 4.2.20　三维幕墙效果

💻 **实战训练**

××图书馆建筑外墙、内墙、幕墙绘制：请使用本章介绍的建筑外墙、内墙、幕墙创建和编辑方法，并结合 1.3.2 小节编辑图元中的移动、复制、偏移、阵列、删除等工具，绘制××图书馆的建筑墙体，如图 4.2.21 和

图 4.2.21　××图书馆一层墙体布置平面图

图 4.2.22 所示。×× 图书馆楼层平面图将以 CAD 格式提供给读者，以方便查看详细尺寸。（注意：在 Revit 中，绘制墙体时门窗处不用断开，直接绘制整堵墙即可。）

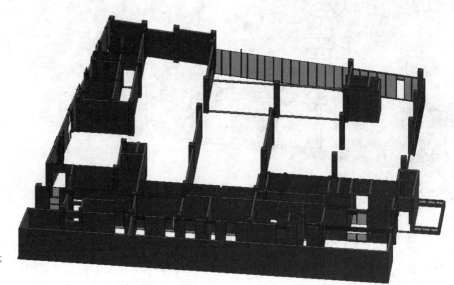

图 4.2.22　×× 图书馆一层墙体布置三维图

第 5 章 创建门、窗

5.1 创建门

教学视频：创建门、窗

📖 知识准备

在 Revit 中，使用"门"工具在建筑模型的墙中放置门。洞口将自动剪切进墙以容纳门，如图 5.1.1 所示。因此，必须先创建墙，创建墙时并不需要在门处断开，当创建门时将会自动剪切，这种依赖于主体图元而存在的构件称为"基础于主体的构件"。

门窗图元都属于可载入族，可以通过新建和载入族的方式将各种门窗载入到项目中使用。在 Revit 安装族库中，分别有卷帘门、门构件、普通门、其他、装饰门等供用户载入使用，如图 5.1.2 所示。用户也可通过新建族，自己定义新的门族使用。

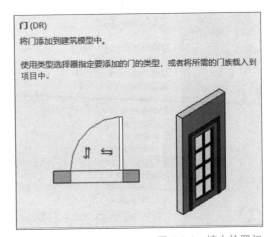

图 5.1.1 墙中放置门

图 5.1.2 Revit 门族

✎ 实训操作

添加门。

（1）载入门族：启动 Revit 2018，打开前面操作的"××图书馆"项目文件，单击"插入"选项卡→"载入族"工具，进入"建筑"目录下的"门"下的"普通门"下的"平开门"下的"双扇"目录，使用 Ctrl 键和鼠标左键，选中"双面嵌板连窗玻璃门 2"和"双面嵌板镶玻璃门 4"两个族文件（见图 5.1.3），单击"打开"按钮退出。

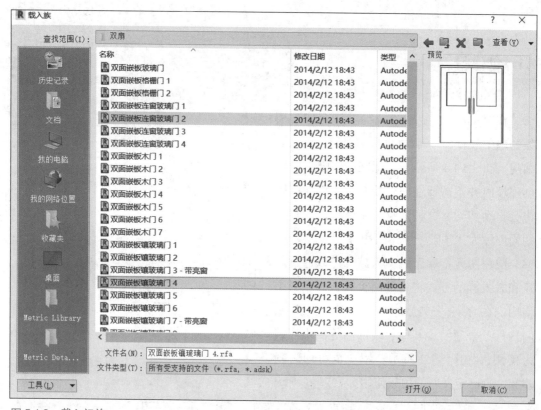

图 5.1.3　载入门族

（2）双击"项目浏览器"中的"楼层平面"，双击"1F"，打开一层平面视图，单击"建筑"选项卡→"构建"面板→"门"工具，如图 5.1.4 所示。

（3）在"属性"面板的类型中选择"双面嵌板连窗玻璃门 2"，单击"编辑类型"，在"类型属性"对话框中单击"复制"按钮，输入类型名称为"M3547"，单击"确定"按钮，设置门的宽度为 4760mm，高度为 3500mm，单击"确定"按钮退出门类型属性，如图 5.1.5 所示。

（4）修改 | 放置 门：在一层平面视图中，将光标指向轴线 2 轴上的 B~D 轴之间的墙体位置，单击后完成门的添加，如图 5.1.6 所示。

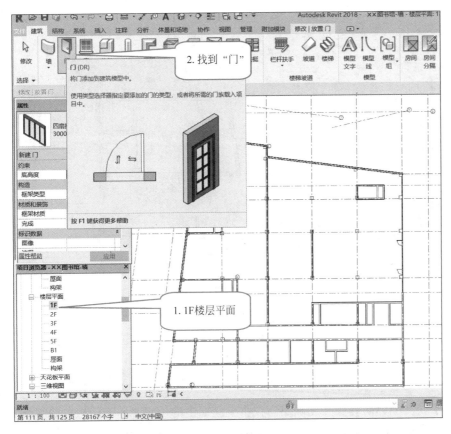

图 5.1.4 创建门

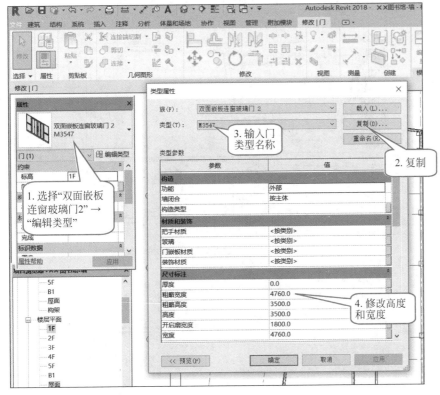

图 5.1.5 复制并
设置门类型

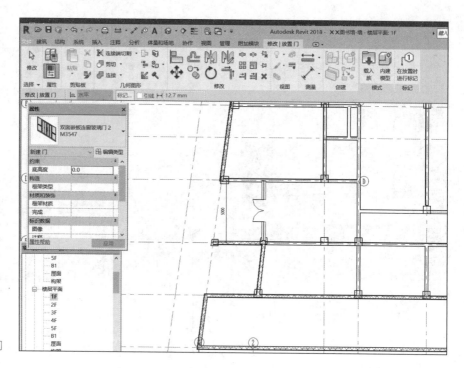

图 5.1.6 放置门

（5）单击"修改"工具，选中门，可查看门实例的属性，如图 5.1.7 所示。其中标高和底高度确定门在垂直立面上的位置，单击门边上的"⇆"可改变开门的方向，修改临时标注尺寸可修改门的位置。

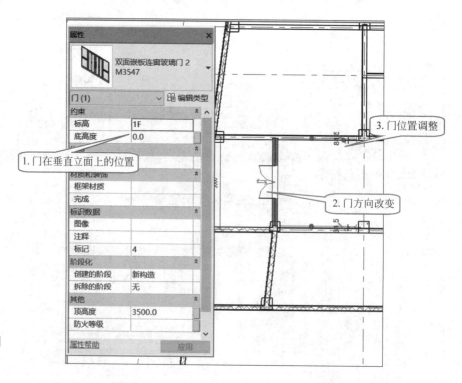

图 5.1.7 门实例的属性

（6）选择"项目浏览器"中的"三维视图"→"三维"选项，将显示三维的门效果，如图 5.1.8 所示。

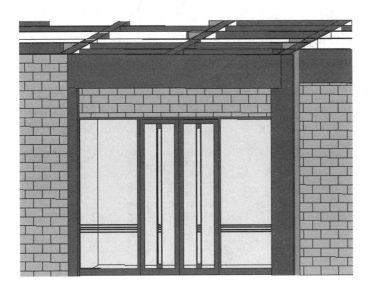

图 5.1.8　三维门效果

（7）其他门的创建方法与此相同，可以根据图纸和尺寸创建并放置到精确的位置上。

5.2　创建窗

📖 知识准备

在 Revit 中，使用"窗"工具在建筑模型的墙中放置窗。洞口将自动剪切进墙以容纳窗，如图 5.2.1 所示。因此，必须先创建墙，创建墙时并不需要在窗处断开，当创建窗时将会自动剪切，这种依赖于主体图元而存在的构件称为"基础于主体的构件"。

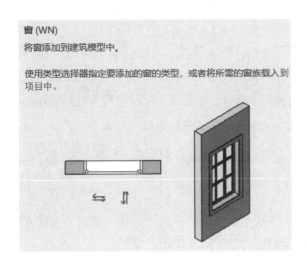

图 5.2.1　墙中放置窗

门窗图元都属于可载入族,可以通过新建和载入族的方式将各种门窗载入到项目中使用。在 Revit 安装族库中,分别有组合窗、悬窗、平开窗、推拉窗等族供用户载入使用,如图 5.2.2 所示。用户也可通过新建族自己定义新的窗族使用。

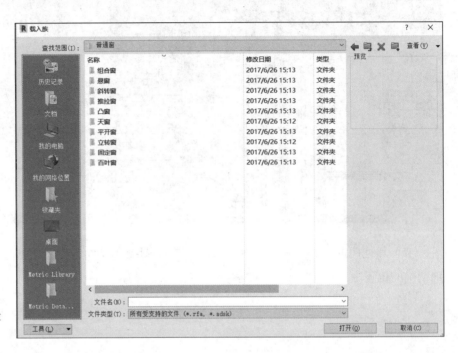

图 5.2.2 Revit
窗族

✍ 实训操作

添加窗。

(1)载入窗族:启动 Revit 2018,打开前面操作的"××图书馆"项目文件,单击"插入"选项卡→"载入族"工具,进入"建筑"目录下的"窗"下的"普通窗"下的"组合窗"下的"双扇"目录,选中"组合窗 - 双层三列(三扇平开)- 上部单扇",如图 5.2.3 所示,单击"打开"按钮退出。

(2)双击"项目浏览器"中的"楼层平面",双击"1F",打开一层平面视图,单击"建筑"选项卡→"构建"面板→"窗"工具,如图 5.2.4 所示。

(3)在"属性"面板的类型中选择"组合窗 - 双层三列(三扇平开)-上部单扇",单击"编辑类型"按钮,在"类型属性"对话框中单击"复制"按钮,输入类型名称为"c1-2520×2400",单击"确定"按钮,设置门的宽度为 2520mm,高度为 2400mm,单击"确定"按钮退出窗类型属性,如图 5.2.5 所示。

(4)修改 | 放置 窗:在一层平面视图中,将光标指向轴线 A 轴上的墙体位置,单击后完成窗的添加,如图 5.2.6 所示。

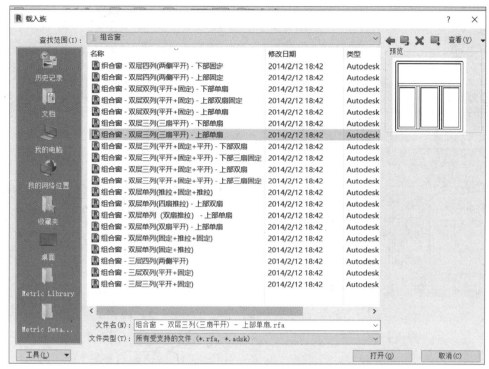

图 5.2.3 载入窗族

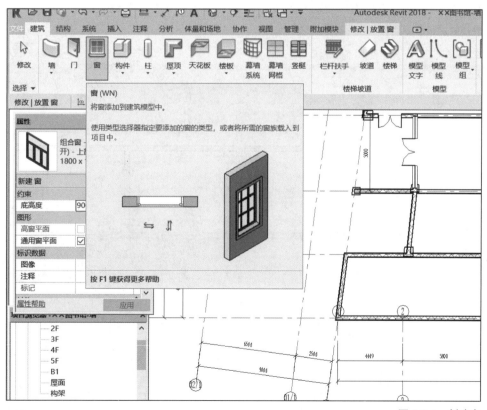

图 5.2.4 创建窗

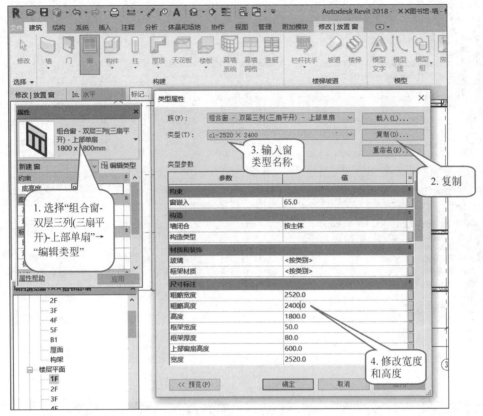

图 5.2.5　复制并设置窗类型

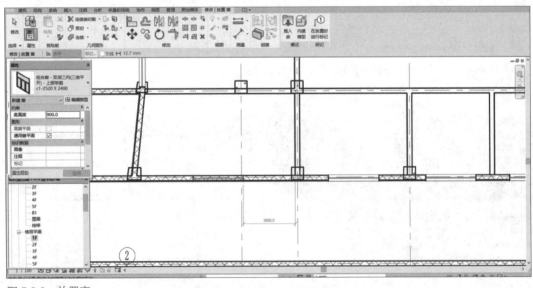

图 5.2.6　放置窗

　　（5）单击"修改"工具，选中刚才放置的窗，可查看窗实例的属性，如图 5.2.7 所示。其中标高和底高度两个参数用来确定窗在垂直立面上的位置，单击窗边上的"⇆"可改变开窗的方向，修改临时标注尺寸可修改窗在水平面上的位置。

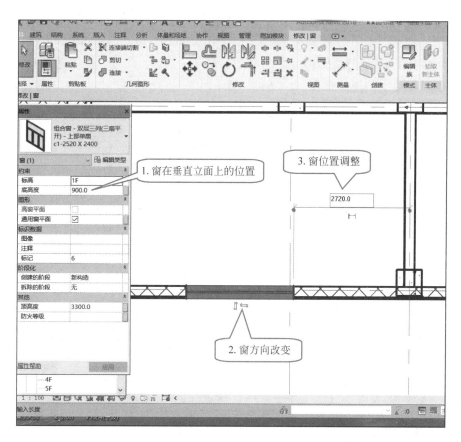

图 5.2.7　窗实例的属性

（6）选择"项目浏览器"中的"三维视图"→"三维"选项，将显示三维的窗效果，如图 5.2.8 所示。

图 5.2.8　三维窗效果

（7）其他窗的创建方法与此相同，可以根据图纸和尺寸创建并放置到精确的位置上。

💻 **实战训练**

×× 图书馆门窗绘制：请使用本章介绍的门、窗的创建和编辑方法，并结合 1.3.2 小节编辑图元中的移动、复制、偏移、阵列、删除等工具，绘制 ×× 图书馆的门、窗，如图 5.2.9 和图 5.2.10 所示。×× 图书馆楼层平面图将以 CAD 格式提供给读者，以方便查看详细尺寸。

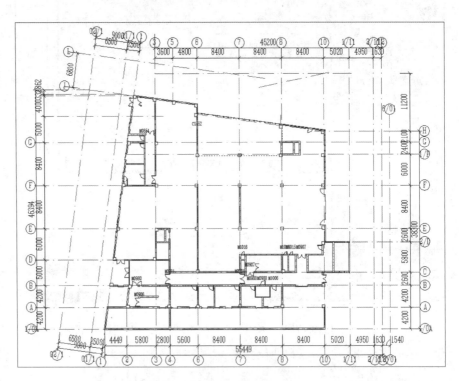

图 5.2.9 ×× 图书馆一层门、窗布置平面图

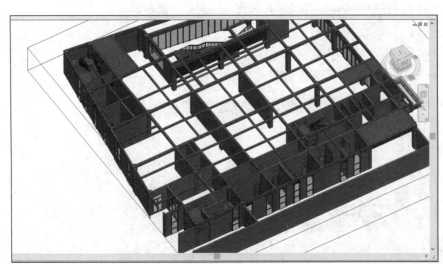

图 5.2.10 ×× 图书馆一层门、窗布置三维图

第6章 创建楼板、天花板、屋顶

6.1 创建楼板

6.1.1 创建室内楼板

📖 知识准备

楼板作为建筑物当中不可缺少的建筑构件,用于分隔建筑各层的空间。在 Revit 中,提供了 3 种楼板和 1 个楼板边,如图 6.1.1 所示。

(1)建筑楼板:常用于建筑建模时室内外楼板的创建。

(2)结构楼板:为方便在楼板中布置钢筋、进行受力分析等结构专业应用而设计,提供了钢筋保护层厚度等参数,其他用法与建筑楼板相同。

(3)面楼板:用于将概念体量模型的楼层面转换为楼板模型图元,该方式只能用于从体量创建楼板模型时。

(4)楼板边:供用户创建一些沿楼板边缘所放置的构件,如圈梁、楼板台阶等。

✎ 实训操作

定义和绘制室内楼板。

(1)启动 Revit 2018,打开前面操作的"××图书馆"项目文件,双击"项目浏览器"中的"楼层平面",双击"1F",打开一层平面视图,单击"建筑"选项卡→"构建"面板→"楼板"工具→选择"楼板:建筑",如图 6.1.2 所示。

(2)单击"属性"面板中的"编辑类型"按钮,在"类型属性"对话框中单击"复制"按钮,输入类型名称为"F1-LB-200",单击"确定"按钮退出对话框,再单击"编辑"按钮进入楼板结构编辑界面,如图 6.1.3 所示。

(3)打开"编辑部件"对话框后,设置一层室内楼板的结构,由于

教学视频:创建楼板

图 6.1.1 楼板类型

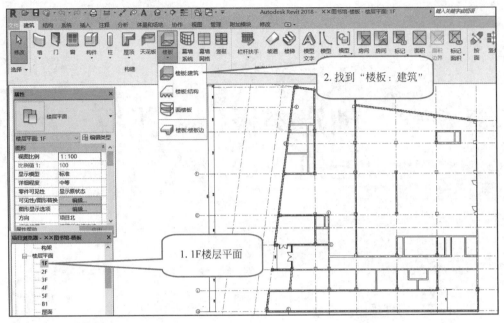

图 6.1.2　创建楼板

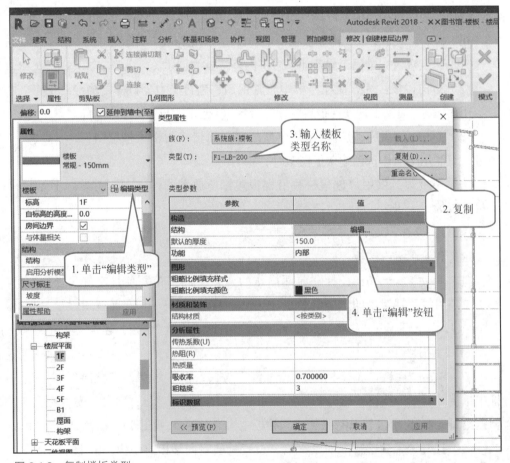

图 6.1.3　复制楼板类型

和墙结构的设置方法相同，在此不再详细介绍（如材质库中没有相应材质，可使用新建材质功能创建），单击"确定"按钮退出"编辑部件"，单击"确定"按钮退出楼板类型属性，如图 6.1.4 所示。

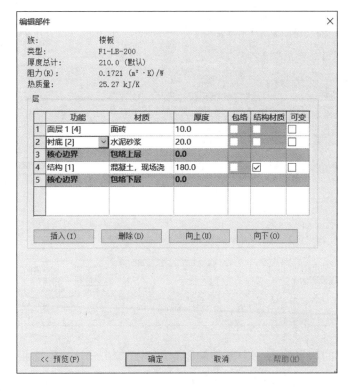

图 6.1.4　编辑楼板结构

（4）在"修改丨创建楼层边界"上下文选项的"绘制"面板中，除"线"工具可用于绘制楼板边界外，还可以用"拾取墙"工具绘制。本例中选择使用"拾取墙"工具，选项栏中的偏移值为"0"，勾选"延伸到墙中（至核心层）"选项，移动鼠标指针至 1F 楼层的外墙边界单击，将会沿建筑外墙核心层表面生成粉红色楼板边界，如图 6.1.5 所示。

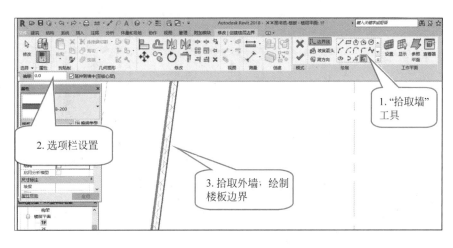

图 6.1.5　拾取外墙，绘制楼板边界

（5）编辑边界：单击"修改 | 创建楼层边界"上下文选项中的"修改"工具，单击选中一条楼层边界线，拖曳线端点可改变线的长度，也可使用"修改"面板中的工具对边界线进行操作，如图 6.1.6 所示。

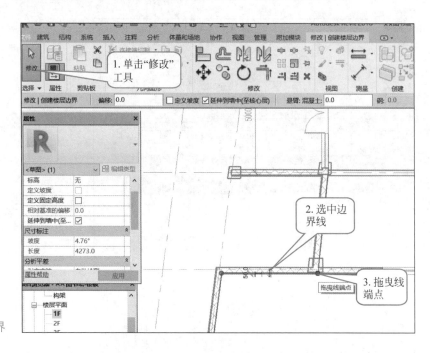

图 6.1.6　编辑边界

（6）观察绘制的边界线为一个完整的闭合区间，单击"模式"面板中的"完成编辑模式"按钮，如图 6.1.7 所示。

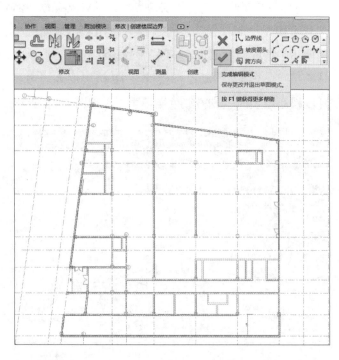

图 6.1.7　完成编辑模式

（7）当绘制的边界线不闭合时，程序会提示错误信息，高亮显示的线有一端是开放的，如图 6.1.8 所示，如出现该问题，单击"继续"按钮，回到第（4）、（5）步，重新绘制和编辑边界线，使边界线形成一个闭合的环。

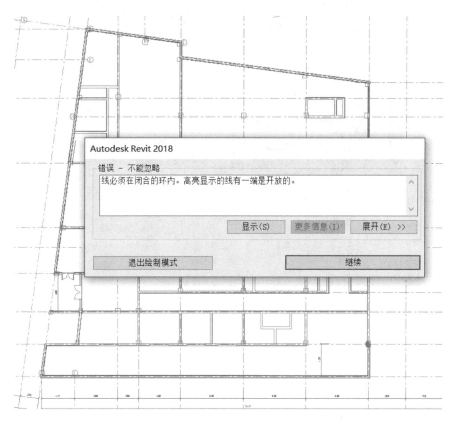

图 6.1.8　边界线不闭合时的错误信息提示

（8）完成编辑模式，Revit 提示对话框"楼板／屋顶与高亮显示的墙重叠，是否希望连接几何图形并从墙中剪切重叠的体积？"，由于绘制的楼板与墙体有部分的重叠，因此单击"是"按钮接受该建议，如图 6.1.9 所示。

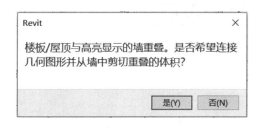

图 6.1.9　完成楼板绘制提示框

（9）完成楼板绘制，平面图中出现已绘制的室内楼板，如图 6.1.10 所示。

（10）选择"项目浏览器"中的"三维视图"→"三维"选项，将显示三维的楼板效果，如图 6.1.11 所示。

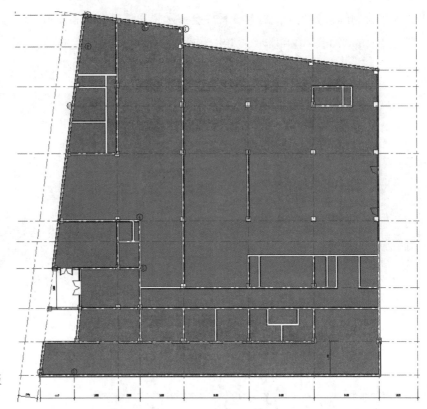

图 6.1.10 楼板
平面图

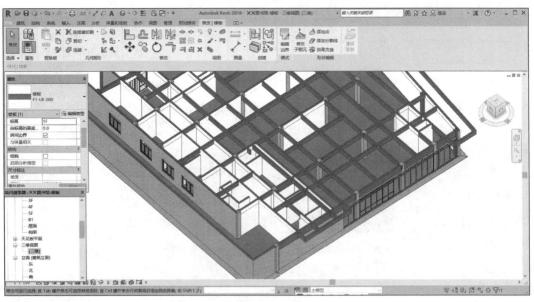

图 6.1.11 三维楼板效果

（11）复制楼板：选中一层楼板，单击"复制"工具，单击"粘贴"
下面的向下三角形按钮，选择"与选定的标高对齐"，选择"2F"，单击"确
定"按钮，如图 6.1.12 所示。

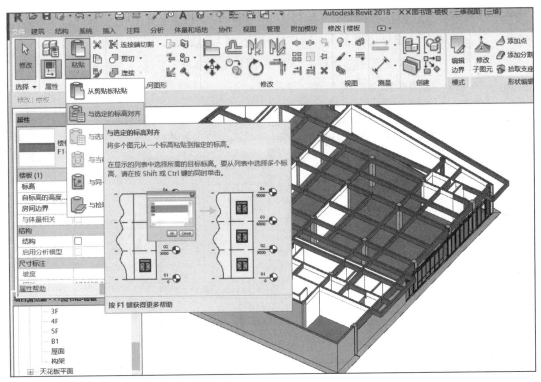

图 6.1.12 复制一层的楼板至二层

6.1.2 创建室外楼板

📖 知识准备

室外楼板与室内楼板的创建方法相同，参数属性也一样，只是会在
厚度、材质、标高等方面与室内楼板不同。

📐 实训操作

定义和绘制室外楼板。

（1）启动 Revit 2018，打开前面操作的"××图书馆"项目文件，双击"项目浏览器"中的"楼层平面"，双击"1F"，打开一层平面视图，单击"建筑"选项卡→"构建"面板→"楼板"工具→"楼板：建筑"按钮，如图 6.1.13 所示。

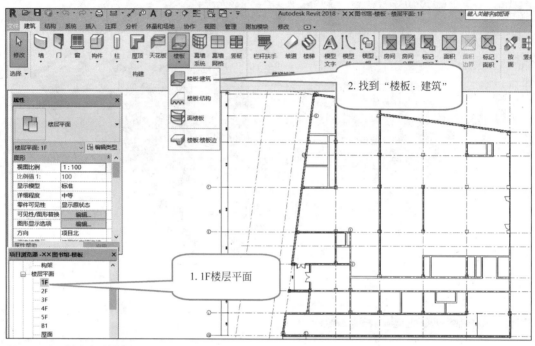

图 6.1.13　创建室外楼板

（2）单击"属性"面板中的"编辑类型"按钮，在"类型属性"对话框中单击"复制"按钮，输入类型名称为"F1-LB-350"，单击"确定"按钮退出对话框，再单击"编辑"按钮进入楼板结构编辑界面，打开"编辑部件"对话框后，设置一层室外楼板的结构，单击"确定"按钮，退出"编辑部件"对话框，单击"确定"按钮退出楼板类型属性，如图 6.1.14 所示。

（3）在"修改 | 创建楼层边界"上下文选项的"绘制"面板中选择"直线"工具，选项栏中的偏移值为"0"，属性栏中"自标高的高度偏移"设置为"－350"，移动鼠标指针至 1F 楼层的东侧外墙边界，在 10 至 12 轴的 A 轴到 1/F 轴交汇处绘制如图 6.1.15 所示的矩形闭合环。

（4）单击"模式"面板中的"完成编辑模式"按钮，如图 6.1.16 所示。

（5）选择"项目浏览器"中的"三维视图"→"三维"选项，将显示三维的室外楼板效果，如图 6.1.17 所示。

（6）使用相同的方法在建筑 1F 的西侧大门处增加室外楼板，"自标高的高度偏移"为"0"，如图 6.1.18 所示。

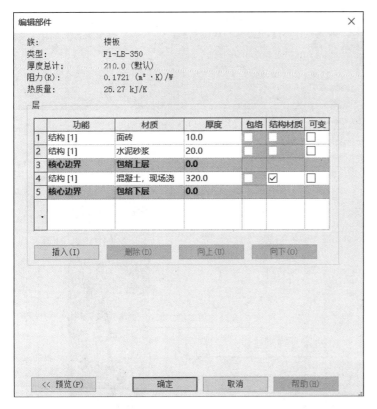

图 6.1.14　编辑室外楼板结构

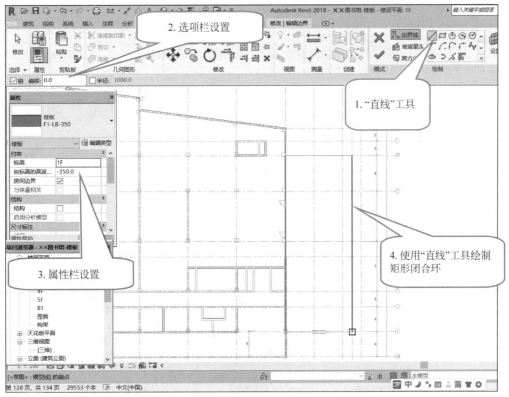

图 6.1.15　绘制室外楼板边界

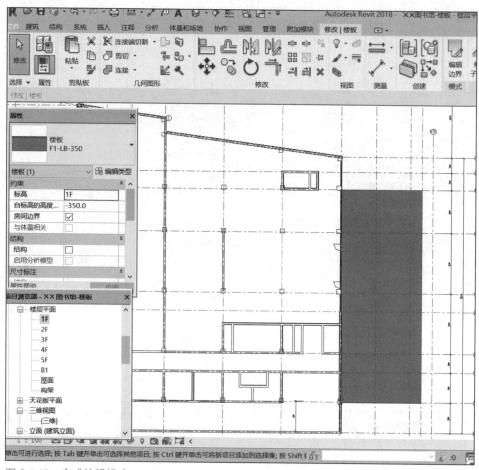

图 6.1.16　完成编辑模式

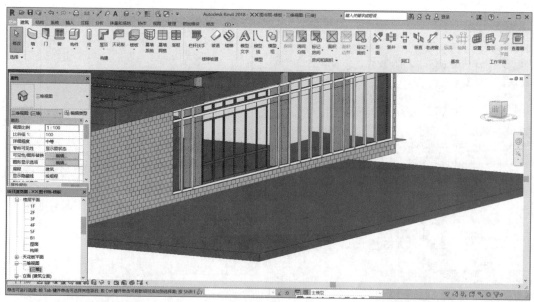

图 6.1.17　三维室外楼板效果

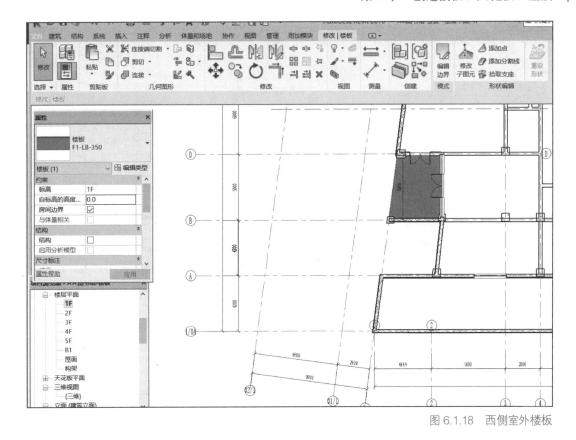

图 6.1.18　西侧室外楼板

6.1.3　创建楼板边缘

📖 知识准备

楼板边缘：用于创建一些基于楼板边界的构件。例如结构边梁以及室外台阶等。用户还可以通过建立不同的轮廓样式来创建不同形式的构件。

✎ 实训操作

定义和绘制室外台阶。

（1）新建台阶轮廓族：启动 Revit 2018，打开前面操作的"××图书馆"项目文件，单击"文件"菜单→"新建"工具，选择"族"→"公制轮廓"族样板文件，单击"打开"按钮，如图 6.1.19 所示。

（2）使用"创建"选项卡中的"线"工具绘制台阶截面轮廓，如图 6.1.20 所示，单击"保存"按钮，命名文件名为"室外台阶截面轮廓"，单击"族编辑器"面板中的"载入到项目"工具，将创建好的室外台阶截面轮廓载入到"××图书馆"项目中。

（3）双击"项目浏览器"中的"三维视图"，双击"三维"，打开三维视图，单击"建筑"选项卡→"构建"面板→"楼板"工具→"楼板：楼板边"按钮，如图 6.1.21 所示。

图 6.1.19　新建"公制轮廓"族样板文件

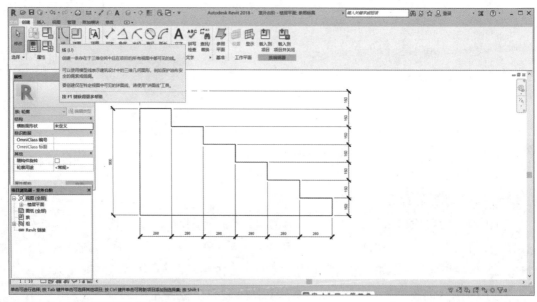

图 6.1.20　绘制室外台阶截面轮廓

（4）单击"属性"面板中的"编辑类型"按钮，在"类型属性"对话框中单击"复制"按钮，输入类型名称为"西侧室外台阶"，修改类型参数，轮廓选择刚才自己新建的"室外台阶截面轮廓"，材质设置为"混凝土，现场浇注 -C30"，单击"确定"按钮退出"类型属性"编辑，设置垂直轮廓偏移和水平轮廓偏移值为"0"，如图 6.1.22 所示。

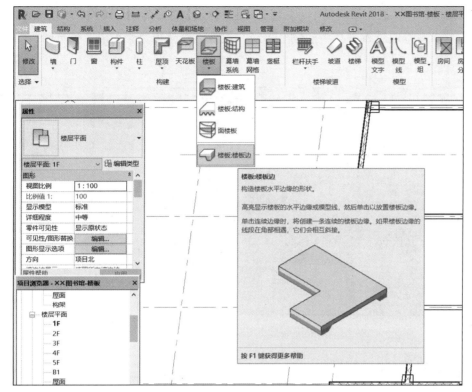

图 6.1.21　创建楼板边

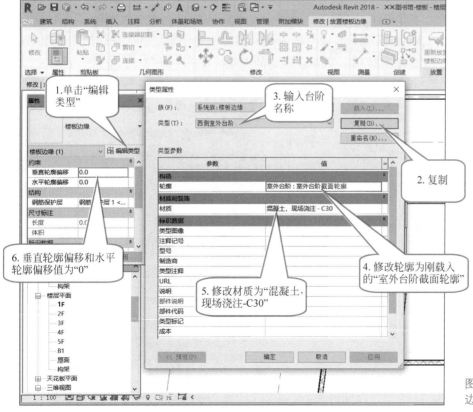

图 6.1.22　楼板边缘类型属性

（5）在三维视图中，旋转到一层西侧 6.1.2 小节中新建的室外楼板处，单击拾取该室外楼板前侧上边缘，软件将沿楼板边缘生成室外台阶，如图 6.1.23 所示。

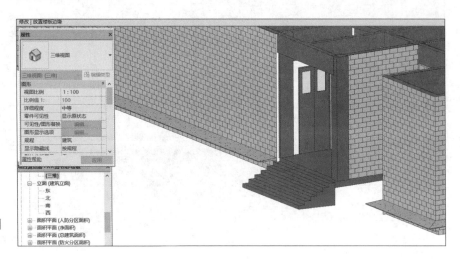

图 6.1.23 西侧入口室外台阶

6.2 创建天花板

教学视频：创建天花板

📖 知识准备

天花板作为建筑室内装饰不可或缺的部分，起着非常重要的装饰作用。

Revit 提供了两种天花板的创建方法，分别是自动绘制与手动绘制，要查看天花板，需打开对应标高的天花板投影平面（RCP）视图，如图 6.2.1 所示。

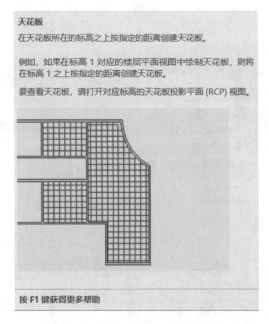

天花板

在天花板所在的标高之上按指定的距离创建天花板。

例如，如果在标高 1 对应的楼层平面视图中绘制天花板，则将在标高 1 之上按指定的距离创建天花板。

要查看天花板，请打开对应标高的天花板投影平面 (RCP) 视图。

按 F1 键获得更多帮助

图 6.2.1 天花板

✎ 实训操作

自动和手动创建天花板。

（1）创建天花板：启动 Revit 2018，打开前面操作的"××图书馆"
项目文件，单击"视图"选项卡，单击"创建"面板中的"平面视图"，
选择"天花板投影平面"，选择 1F 到 5F 标高，单击"确定"按钮。为该
项目 1F 至 5F 标高创建天花板投影平面图，如图 6.2.2 所示。

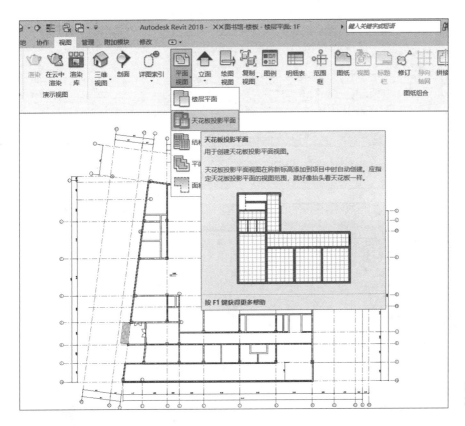

图 6.2.2 创建天
花板投影平面

（2）双击"项目浏览器"中的"天花板平面"，双击"1F"，打开一
层天花板平面视图，单击"建筑"选项卡→"构建"面板→"天花板"工具，
如图 6.2.3 所示。

（3）在"修改 | 放置 天花板"上下文选项的"天花板"面板中选择
使用"自动创建天花板"工具，属性栏中"自标高的高度偏移"设置为
"4000"，移动鼠标指针至 1F 的 5~7 轴与 A~B 轴相交处的房间上空，程
序自动在该房间的上空出现一个红色的方框，单击，在该房间上空自动
创建天花板，如图 6.2.4 所示。

（4）选择"项目浏览器"中的"三维视图"→"三维"选项，将显
示三维的天花板效果，如图 6.2.5 所示。

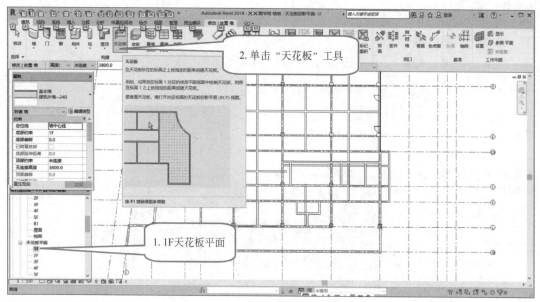

图 6.2.3　创建天花板

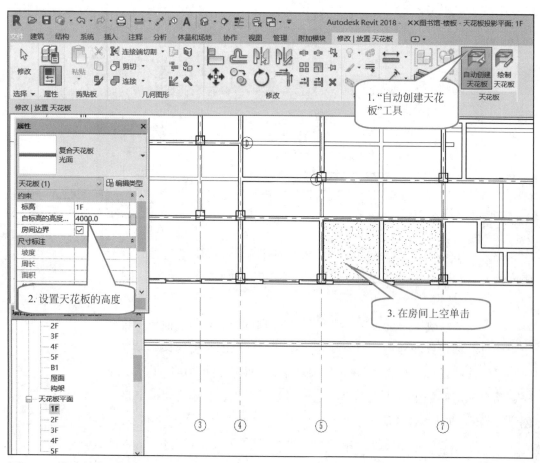

图 6.2.4　自动创建天花板

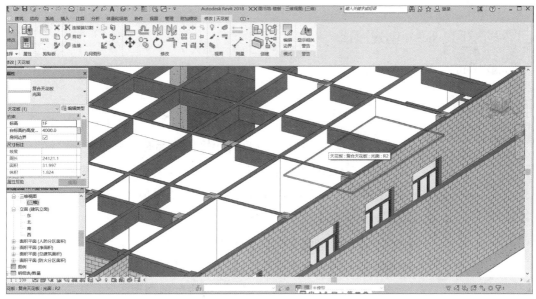

图 6.2.5 天花板三维效果

（5）将三维视图"属性"面板中的"剖面框"打钩，三维视图外部将出现一个控制框，按住三角形控制按钮移动可实现三维剖面效果，如图 6.2.6 所示，可清楚地看到结构内容和天花板的位置。

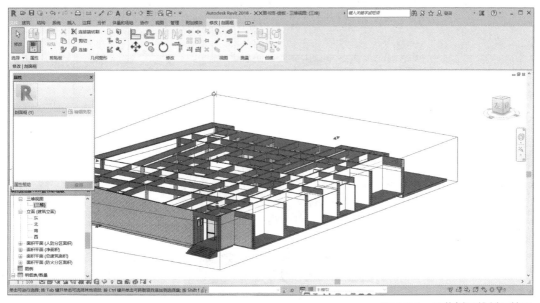

图 6.2.6 天花板三维剖面效果

教学视频：创建屋顶

图 6.3.1 屋顶 3 种类型

6.3 创建屋顶

6.3.1 创建平屋顶

📖 知识准备

屋顶作为建筑物中不可缺少的建筑构件，有平顶和坡顶之分，主要用于防水。干旱地区房屋多用平顶，湿润地区多用坡顶。

Revit 提供了 3 种屋顶创建工具，分别是迹线屋顶、拉伸屋顶和面屋顶，如图 6.3.1 所示。其中最常用的方式为"迹线屋顶"，只有创建弧形或其他形状屋顶时会采用"拉伸屋顶"。

迹线屋顶：可创建常见的平屋顶和坡屋顶。

拉伸屋顶：可用于创建弧形或其他形状屋顶时使用。

面屋顶：用于将概念体量模型转换为屋顶模型图元，该方式只能用于从体量创建屋顶模型时。

✍ 实训操作

定义和绘制平屋顶。

（1）复制 1F 的图元至 2F~5F：启动 Revit 2018，打开前面操作的"××图书馆"项目文件，双击"项目浏览器"中的"楼层平面"，双击"1F"，打开一层平面视图，右击框选所有图元，单击"过滤器"按钮，如图 6.3.2 所示，勾选想要复制到其他楼层的图元类别，如图 6.3.3 所示。

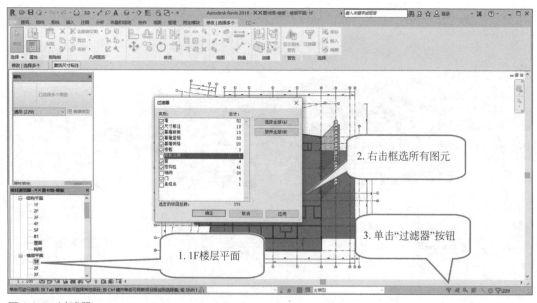

图 6.3.2 过滤器

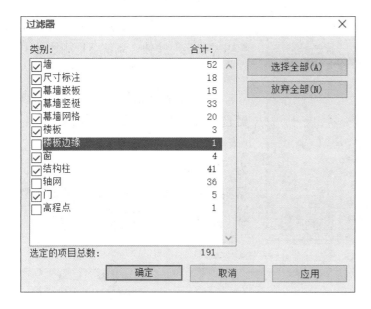

图 6.3.3　过滤器勾选

（2）单击"修改 | 选择多个"上下文选项中的"复制"工具，单击"粘贴"下面的向下三角形按钮，选择"与选定的标高对齐"，如图 6.3.4 所示。

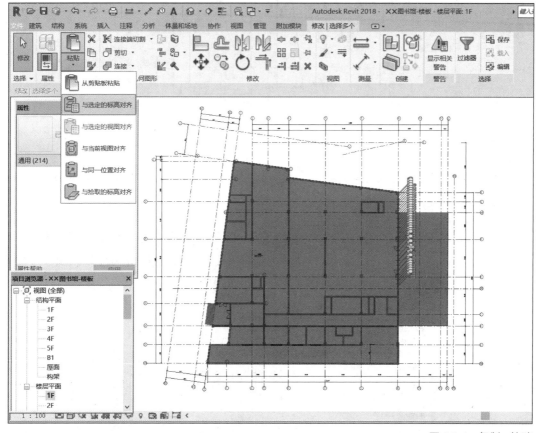

图 6.3.4　复制 - 粘贴

图 6.3.5 选择标高

（3）选择 2F 标高，如图 6.3.5 所示，单击"确定"按钮，系统会把刚才选中的一层中的所有构件复制到 2F。

（4）双击 2F 楼层平面，使用过滤器选中 2 层的墙（见图 6.3.6），单击"属性"面板，调整墙体的底部偏移量为"0"（见图 6.3.7），同时用户可以根据实际建筑施工图的 2 层平面图调整 2F 的墙体和门窗等位置。

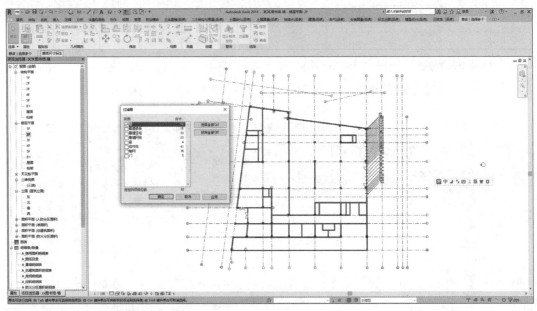

图 6.3.6 选择二层的墙体

属性		
	已选择多个族	▾
墙 (52)	▾	🔲 编辑类型
约束		
底部约束	2F	
底部偏移	0	
已附着底部	🔲	
顶部约束		
无连接高度		
顶部偏移		
已附着顶部	🔲	
房间边界	☑	
与体量相关	🔲	
结构		

图 6.3.7 设置二层墙体底部偏移为"0"

（5）用户再根据实际建筑施工图中情况，将二层的构件复制到 3~5 层，再根据平面图做相应的调整，以实现墙、楼板、门、窗、柱等在 2~5 层的放置。选择"项目浏览器"中的"三维视图"→"三维"选项，将显示三维的五层建筑效果，如图 6.3.8 所示。

（6）双击"项目浏览器"中的"楼层平面"，双击"屋面"，打开屋顶平面

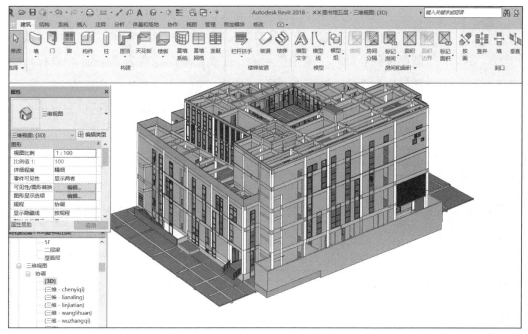

图 6.3.8　五层建筑的三维效果

视图，单击"建筑"选项卡→"构建"面板→"屋顶"工具→"迹线屋顶"按钮，如图 6.3.9 所示。

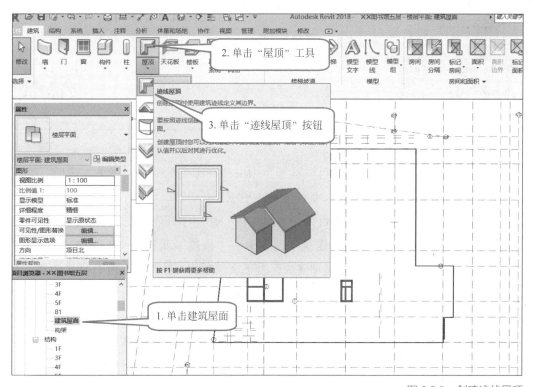

图 6.3.9　创建迹线屋顶

（7）使用"修改 | 创建屋顶迹线"上下文选项的"绘制"面板中的"直线"和"拾取墙"等工具绘制屋顶，与楼板绘制相同，绘制的屋顶迹线需要是闭合的环，确定"屋面"属性中底部标高为"屋面"，自标高的底部偏移为"0"，坡度为"0°"，单击"模式"面板中的"完成编辑模式"按钮，弹出"是否希望将高亮显示的墙附着到屋顶？"对话框，可根据实际情况选择"是"或"否"，如图 6.3.10 所示。

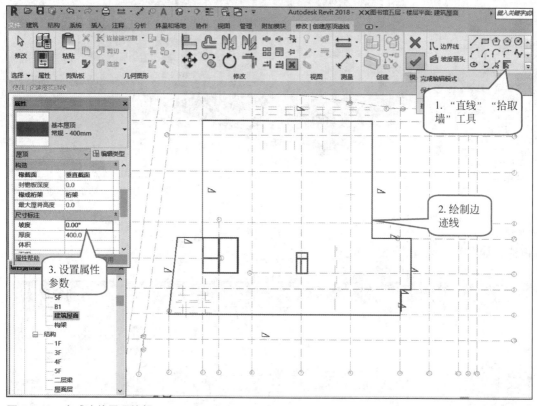

图 6.3.10　完成迹线屋顶编辑

（8）选择"项目浏览器"中的"三维视图"→"三维"选项，将显示三维的屋顶效果，如图 6.3.11 所示。

（9）双击"项目浏览器"中的"楼层平面"，双击"4F"，打开四层平面视图，单击"建筑"选项卡→"构建"面板→"迹线屋顶"工具，使用"修改 | 创建屋顶迹线"上下文选项的"绘制"面板中的"直线"和"拾取墙"等工具绘制屋顶，与楼板绘制相同，绘制的屋顶迹线是闭合的环，确定"屋面"属性中底部标高为"屋面"，自标高的底部偏移为"0"，坡度为"0°"，单击"模式"面板中的"完成编辑模式"按钮，弹出"是否希望将高亮显示的墙附着到屋顶？"对话框，可根据实际情况选择"是"或"否"，如图 6.3.12 所示。

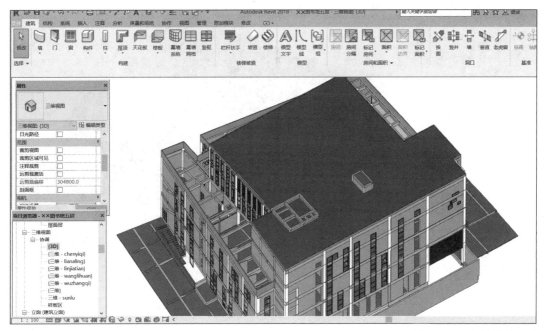

图 6.3.11　三维屋顶效果

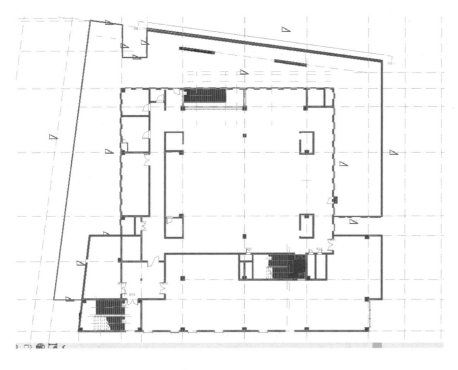

图 6.3.12　绘制
四层的屋顶迹线

　　（10）选择"项目浏览器"中的"三维视图"→"三维"选项，将显示三维的屋顶效果，如图 6.3.13 所示。

图 6.3.13 建筑
屋顶的三维效果

6.3.2 创建坡屋顶

📖 知识准备

坡屋面的创建方法与平屋面的创建方法基本相同，使用迹线屋顶创建，在坡度设计中设置相应的坡度就可完成，如图 6.3.14 所示。

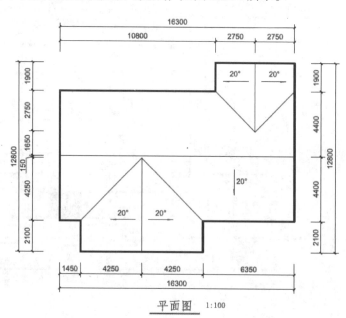

图 6.3.14 坡屋面平面图

🖎 实训操作

定义和绘制坡屋顶。

（1）启动 Revit 2018，新建一个项目文件"坡屋面"，双击"项目浏览

器"中的"楼层平面",双击"标高 2",打开二层平面视图,使用 2.3 节
讲授的创建轴网和参照平面工具,创建如图 6.3.15 所示的轴网。

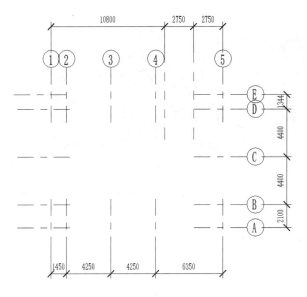

图 6.3.15 坡屋面的轴网

（2）单击"建筑"选项卡→"构建"面板→"迹线屋顶"工具,使用
"修改|创建屋顶迹线"上下文选项的"绘制"面板中的"直线"工具绘
制屋顶迹线,在"属性"面板中设置坡度为"20°",单击"模式"面板
中的"完成编辑模式"按钮,如图 6.3.16 所示。

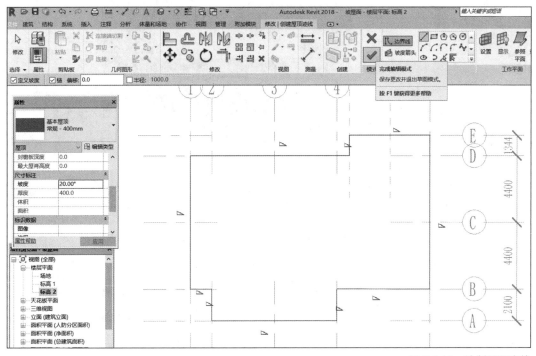

图 6.3.16 绘制屋顶迹线

（3）选择"项目浏览器"中的"三维视图"→"三维"选项，将显示三维的屋顶效果，如图 6.3.17 所示。

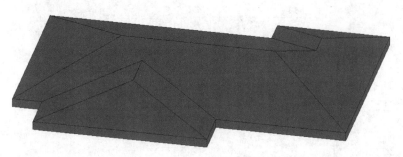

图 6.3.17　坡屋面三维效果

（4）编辑轮廓：当已创建的屋顶轮廓需要修改时，可回到创建屋面的平面图，单击选中的屋顶，单击编辑迹线，就可进入迹线编辑状态进行修改，如图 6.3.18 所示。

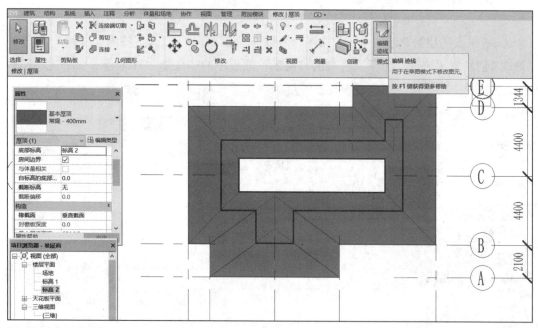

图 6.3.18　编辑迹线

（5）编辑轮廓：用户有时会使用"拆分图元"工具将整条线段进行分割，以设置不同的坡度，如图 6.3.19 所示。

（6）删除不需要的线条坡度：选中不需要坡度的迹线，将"属性"面板中的"定义屋顶坡度"的钩取消，如图 6.3.20 所示。

（7）选择"项目浏览器"中的"三维视图"→"三维"选项，将显示三维的屋顶效果，如图 6.3.21 所示。

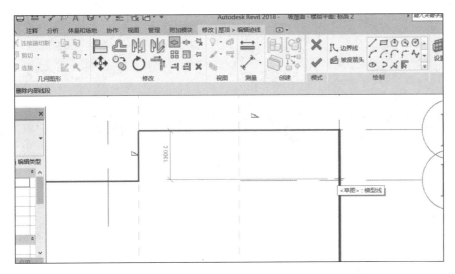

图 6.3.19　分割迹线

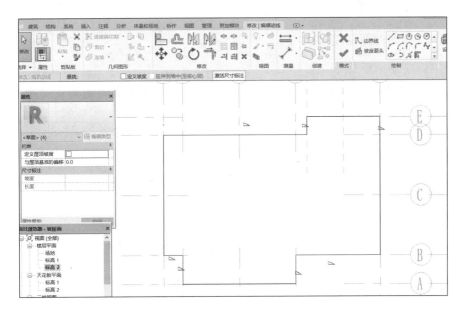

图 6.3.20　修改屋顶坡度

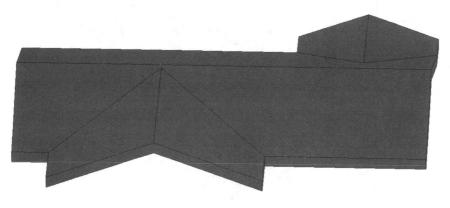

图 6.3.21　修改好的屋顶三维效果

第 7 章　创建楼梯、洞口、坡道、栏杆

7.1　创建楼梯、洞口

7.1.1　创建双跑楼梯

教学视频：创建
楼梯、洞口、
坡道、栏杆

📖 知识准备

楼梯作为建筑物中不可缺少的建筑构件，用于楼层间的垂直交通，如图 7.1.1 所示。

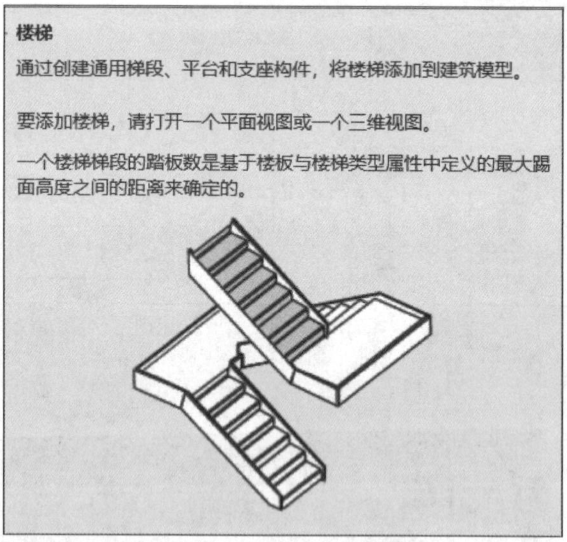

楼梯

通过创建通用梯段、平台和支座构件，将楼梯添加到建筑模型。

要添加楼梯，请打开一个平面视图或一个三维视图。

一个楼梯梯段的踏板数是基于楼板与楼梯类型属性中定义的最大踢面高度之间的距离来确定的。

图 7.1.1　楼梯

在 Revit 中，提供了两种楼梯创建工具，分别是按构件和按草图，两种方式所创建出来的楼梯样式相同，但绘制的方法不同。

✍ 实训操作

绘制楼梯。

（1）启动 Revit 2018，打开前面操作的"××图书馆"项目文件，双击

"项目浏览器"中的"楼层平面"。为使图面清晰，隐藏楼板。双击"1F"，打开一层平面视图，使用"过滤器"选中所有楼板，右击弹出快捷菜单，选择"在视图中隐藏"命令，如图 7.1.2 所示。

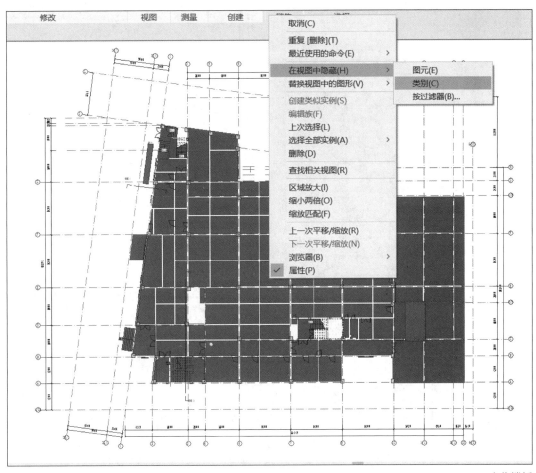

图 7.1.2　隐藏楼板

（2）单击"建筑"选项卡→"工作平面"面板→"参照平面"工具，使用"修改|放置参照平面"上下文选项中的绘制工具在 2~4 轴与 A~B 轴的相交处绘制如图 7.1.3 所示的参照平面。

（3）单击"建筑"选项卡→"楼梯坡道"面板→"楼梯"工具，单击"属性"面板中的"编辑类型"按钮，选择"系统族：现场浇注楼梯"，在"类型属性"对话框中单击"复制"按钮，输入类型名称为"楼梯 A"。设最大踢面高度为 180，最小踏板深度为 280，最小梯段宽度为 1860，梯段类型为整体梯段，平台类型为 160mm 厚度，功能为外部。单击"确定"按钮退出楼梯类型属性，如图 7.1.4 所示。

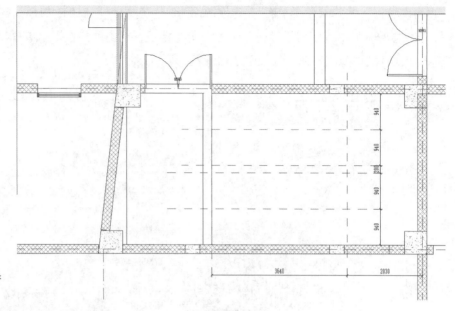

图 7.1.3 绘制参照平面

图 7.1.4 复制并定义楼梯类型

（4）在"修改 | 创建楼梯"上下文选项的"构件"面板中选择"梯段"中的"直梯"工具，"属性"面板参数：底部标高为 1F，底部偏移为 0，顶部标高为 2F，顶部偏移为 0。移动鼠标指针至相应参照平面交点位置单击，确定梯段起点和终点（在绘制过程中程序会显示从梯段起点至光标当前位置已创建的踢面数及剩余的踢面数，当创建的踢面数为总

数的一半时，单击完成第一个梯段，然后往相反的方向完成第二个梯段，程序会自动连接两段梯段边界，该位置将作为楼梯的休息平台），单击"模式"面板中的"完成编辑模式"按钮完成楼梯的绘制，如图 7.1.5 所示。

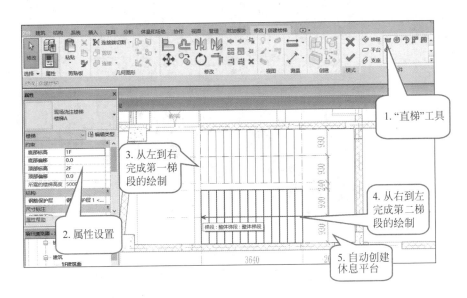

图 7.1.5 绘制楼梯

（5）转到三维视图，将三维视图"属性"面板中的"剖面框"打钩，调整方位和三维剖面效果，找到相应位置的楼梯，如图 7.1.6 所示，选择靠墙侧的扶手，按 Delete 键删除。

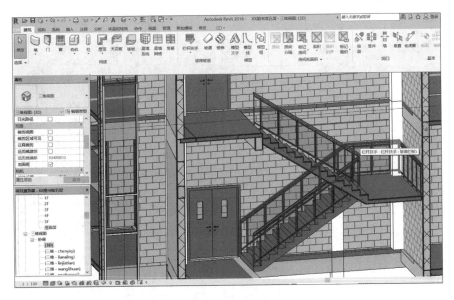

图 7.1.6 楼梯三维效果

（6）单击选中楼梯栏杆，选择"重设栏杆扶手"，在"属性"面板中可选择其他型号的栏杆扶手，如图 7.1.7 所示。

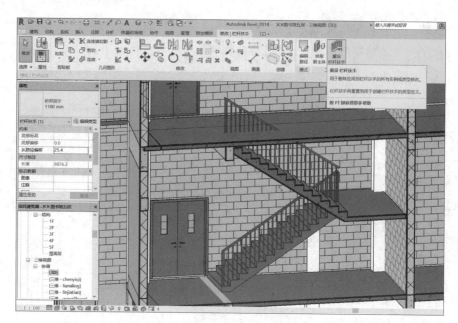

图 7.1.7　重设楼梯扶手

（7）如果楼层高度相同，可选中楼梯，使用"复制"工具，单击"粘贴"工具下面的向下三角形按钮，选择"与选定的视图对齐"选项，将楼梯复制到其他的楼层。如楼层高度不同，可分别到不同的楼层进行绘制，如图 7.1.8 所示。

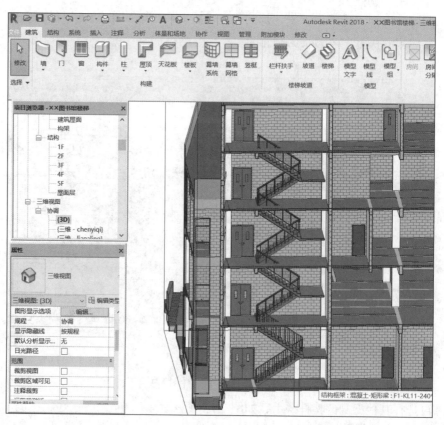

图 7.1.8　绘制多层楼梯

7.1.2　创建洞口

📖 知识准备

洞口：建筑当中会存在多种样式的洞口，其中包括门窗洞口、楼板洞口、天花板洞口和结构梁洞口等。

图 7.1.9　5 种洞口工具

Revit 提供了 5 种洞口工具，分别是：按面、竖井、墙、垂直、老虎窗，如图 7.1.9 所示。

按面：垂直于屋顶、楼板或天花板选定面的洞口。

竖井：跨多个标高的垂直洞口，将其间的屋顶、楼板和天花板进行剪切。

墙：在直或弯曲墙中剪切一个矩形洞口。

垂直：贯穿屋顶、楼板或天花板的垂直洞口。

老虎窗：剪切屋顶，以便为老虎窗创建洞口。

✎ 实训操作

绘制楼梯处洞口。

（1）启动 Revit 2018，打开前面操作的"××图书馆"项目文件，双击"项目浏览器"中的"楼层平面"，双击"1F"，打开一层平面视图，单击"建筑"选项卡→"洞口"面板→"竖井"工具，如图 7.1.10 所示。

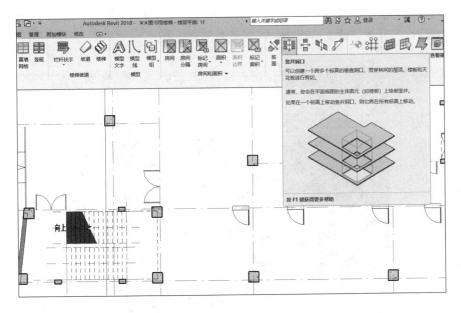

图 7.1.10　绘制竖井

（2）在"修改 | 创建竖井洞口草图"上下文选项的"绘制"面板中选择"直线"工具，在原来电梯处绘制洞口草图，单击"模式"面板中的"完成编辑模式"按钮，如图 7.1.11 所示。

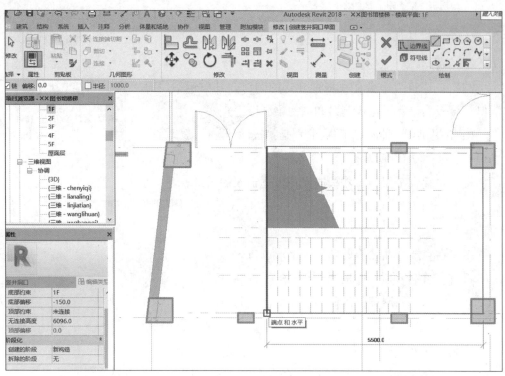

图 7.1.11　绘制洞口草图

　　（3）转到三维视图，将三维视图"属性"面板中的"剖面框"打钩，调整方位和三维剖面效果，找到相应位置的楼梯，如图 7.1.12 所示，调整洞口的高度，使其剪切 2F~5F 的楼板和天花板。

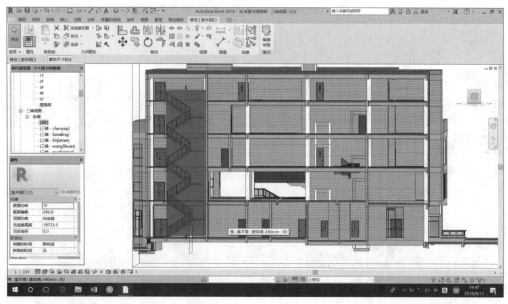

图 7.1.12　调整洞口高度

（4）楼梯洞口剪切完成，如图 7.1.13 所示。

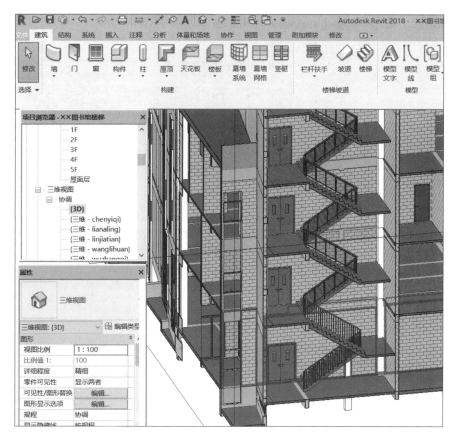

图 7.1.13　楼梯洞口

7.2　创建坡道

📖 知识准备

坡道：在商场、医院、酒店和机场等公共场合经常会见到各种坡道，有汽车坡道、自行车坡道等，用于连接具有高差的地面、楼面的斜向交通通道。

Revit 提供了绘制坡道的工具，如图 7.2.1 所示。

✍ 实训操作

绘制门口室外坡道。

（1）启动 Revit 2018，打开前面操作的"××图书馆"项目文件，双击"项目浏览器"中的"楼层平面"，双击"1F"，打开一层平面视图，单击"建筑"选项卡→"工作平面"面板→"参照平面"工具，在建筑的西面靠南侧入口处绘制如图 7.2.2 所示的参照平面。

（2）单击"建筑"选项卡→"楼梯坡道"面板→"坡道"工具，单击

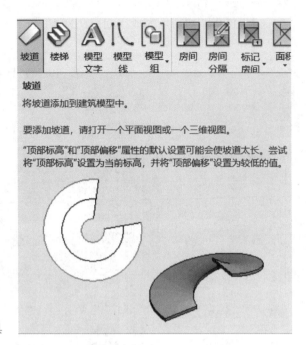

图 7.2.1 "坡道"工具

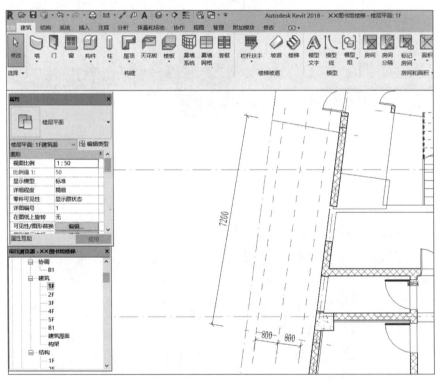

图 7.2.2 绘制参
照平面

"属性"面板中的"编辑类型"按钮,选择"系统族:坡道",在"类型属性"对话框中单击"复制"按钮,输入类型名称为"坡道 A"。设置最大斜坡长度:12000;坡道最大坡度:1/12。单击"确定"按钮退出坡道类型属性,如图 7.2.3 所示。

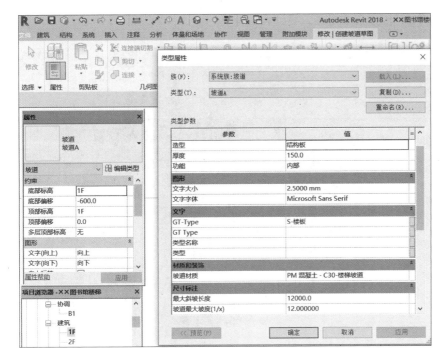

图 7.2.3　复制并定义坡道类型

（3）在"修改｜创建坡道草图"上下文选项的"绘制"面板中选择"梯段"中的"直线"工具。"属性"面板参数：底部标高为 1F，底部偏移为－600，顶部标高为 1F，顶部偏移为 0。移动鼠标指针至相应参照平面交点位置单击，确定坡道的起点和终点，单击"模式"面板中的"完成编辑模式"按钮完成坡道的绘制，如图 7.2.4 所示。

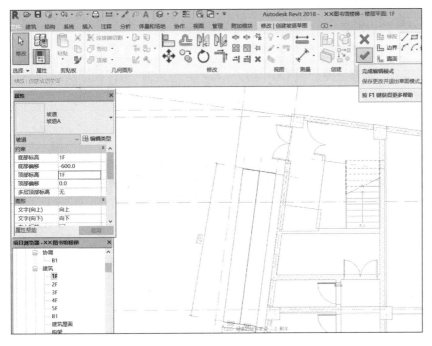

图 7.2.4　坡道草图绘制

（4）转到三维视图，找到相应位置的坡道，如图 7.2.5 所示。

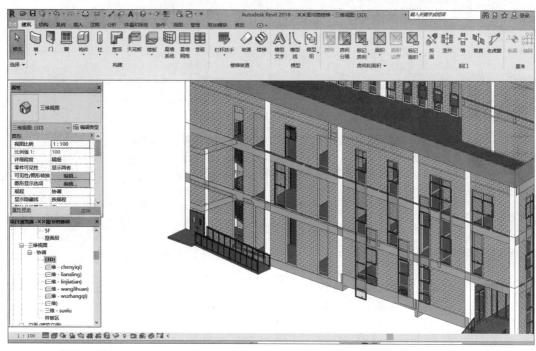

图 7.2.5　坡道三维效果

7.3　创建栏杆

7.3.1　绘制栏杆

📖 **知识准备**

栏杆在实际建筑物和公共场所是很常见的，其主要的作用是安全防护，还可以起到分隔、导向的作用，也有一定的装饰功能，如图 7.3.1 所示。

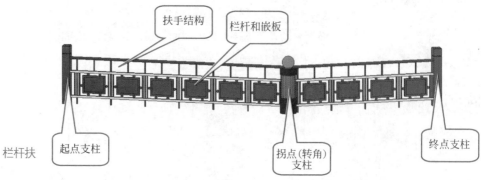

图 7.3.1　栏杆扶手结构

Revit 提供了两种创建栏杆扶手的方法：绘制路径和放置在楼梯/坡道上，如图 7.3.2 所示。

绘制路径：可以在平面或三维视图中的任意位置创建栏杆。

放置在楼梯 / 坡道上：可以将栏杆放置在楼梯、坡道两种构件上。

图 7.3.2　栏杆扶手

☞ 实训操作

绘制门口室外栏杆。

（1）启动 Revit 2018，打开前面操作的"×× 图书馆"项目文件，单击"插入"选项卡→"载入族"工具，可从程序族库中选择各种形式的栏杆、扶手和嵌板载入到项目中，如图 7.3.3 所示。

图 7.3.3　载入族

（2）双击"项目浏览器"中的"楼层平面"，双击"1F"，打开一层平面视图，单击"建筑"选项卡→"楼梯坡道"面板→"栏杆扶手"工具，单击绘制路径，单击"属性"面板中的"编辑类型"按钮，选择"系统族：栏杆扶手"，在"类型属性"对话框中单击"复制"按钮，输入类型名称为"室外栏杆"，设置参数，如图 7.3.4 所示。

（3）单击"类型属性"对话框中的"扶栏结构（非连续）"后面的"编辑"，进入"编辑扶手（非连续）"对话框，分别在高度 100、1000 和 1100 处创建 3 根扶手，设置参数，如图 7.3.5 所示。

（4）单击"类型属性"对话框中的"栏杆位置"后面的"编辑"按钮，进入"编辑栏杆位置"对话框，分别设置栏杆、玻璃嵌板、起点支柱、拐角支柱、终点支柱的栏杆族和底部顶部等位置信息，如图 7.3.6 所示。

（5）设置"属性"面板中栏杆约束底部标高为 1F，底部偏移为 −350，使用"修改 | 栏杆扶手 > 绘制路径"上下文选项中的"直线"工具沿一楼东面室外楼板边缘绘制如图 7.3.7 所示的栏杆路径，单击"模式"面板中的"完成编辑模式"按钮。

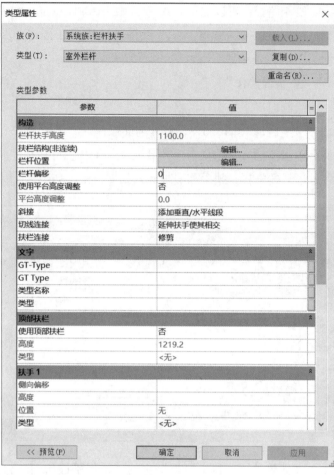

图 7.3.4　复制和定义栏杆扶手

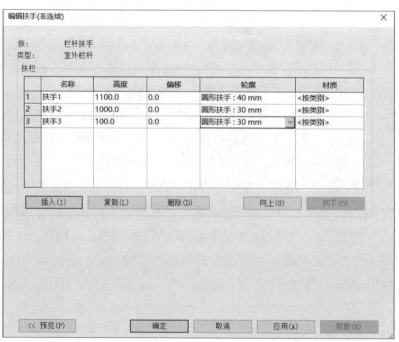

图 7.3.5　编辑扶手结构

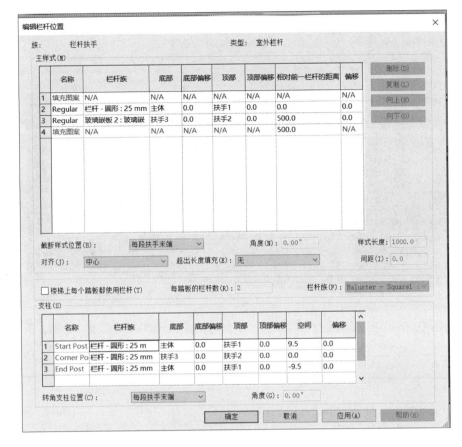

图 7.3.6 编辑栏杆位置

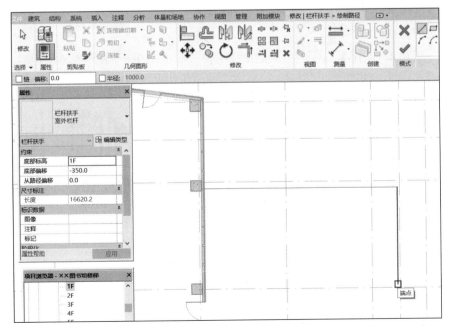

图 7.3.7 绘制栏杆路径

（6）转到三维视图，找到相应位置的扶手栏杆，如图 7.3.8 所示。

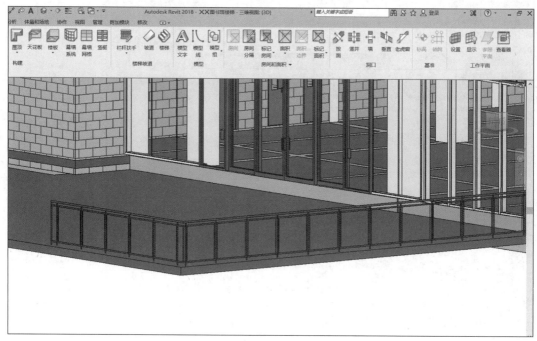

图 7.3.8　三维栏杆效果

7.3.2　创建楼梯、坡道扶手栏杆

📖 知识准备

在实际建筑物中一般都会在楼梯和坡道设置扶手栏杆，以起到安全防护和导向的作用。

在 Revit 中，其扶手类型的创建和编辑与创建普通扶手栏杆的方法相同，但在绘制时使用"放置在楼梯 / 坡道上"的功能进行创建，如图 7.3.9 所示。

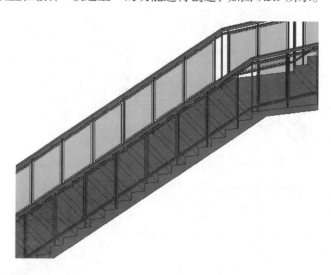

图 7.3.9　创建楼梯、坡道扶手栏杆

✎ 实训操作

绘制门口室外栏杆。

（1）启动 Revit 2018，打开前面操作的"×× 图书馆"项目文件，由于载入栏杆族和复制定义栏杆类型在前面已经讲述过，在此不再重复叙述，读者可参照前面的学习内容和工程实际情况进行复制和定义。打开三维视图，使用剖面功能找到前面已经创建的楼梯，删除原有楼梯上的栏杆，如图 7.3.10 所示。

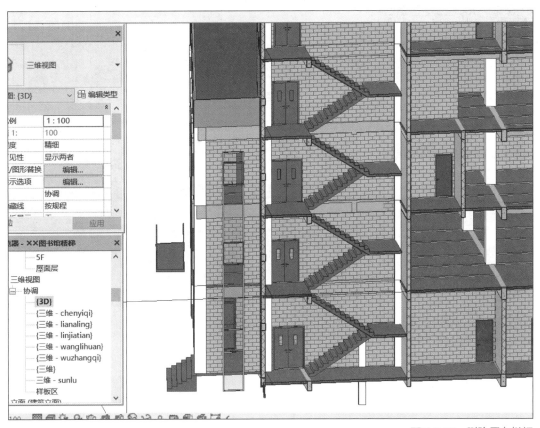

图 7.3.10　删除原有栏杆

（2）单击"建筑"选项卡→"楼梯坡道"面板→"栏杆扶手"工具，选择"放置在楼梯 / 坡道上"，单击"属性"面板中的"复制"和"定义楼梯扶手"，由于内容与前面相同，在此不再重复叙述，本例中直接选中900mm 圆管，将光标移到相应的楼梯处，单击，栏杆将被放置到相应的楼梯上，删除墙壁侧的栏杆，如图 7.3.11 所示。

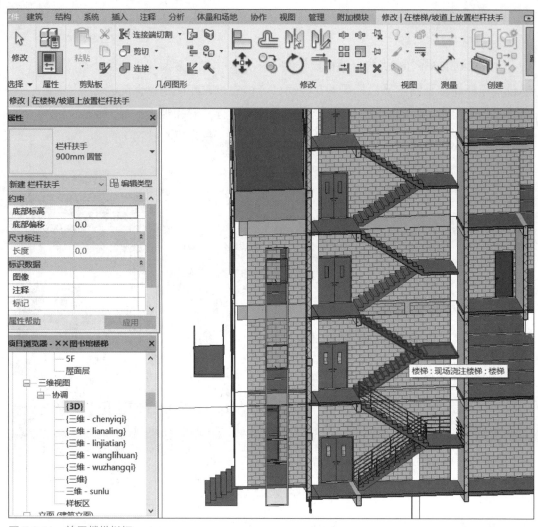

图 7.3.11　放置楼梯栏杆

第8章　室内家具、卫浴布置

8.1　家具布置

8.1.1　放置家具

📖 知识准备

家具布置：在实际建筑的室内设计中，家具布置显得尤为重要。

在 Revit 中，可以通过平面结合三维的方式更直观地观察所做的家具布置。其主要通过"构件"工具进行布置，构件是可载入族的实例，可通过载入各类家具族进行布置，如图 8.1.1 所示。

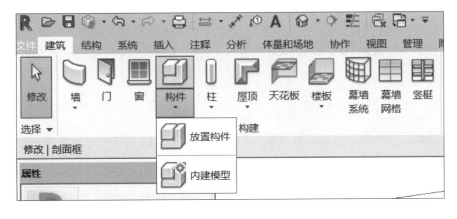

图 8.1.1　"构件"工具

✎ 实训操作

放置室内栏杆。

（1）启动 Revit 2018，打开前面操作的"×× 图书馆"项目文件，单击"插入"选项卡→"载入族"工具，单击"建筑"→"家具"→"3D"文件，从程序族库中选择各式桌椅、装饰、沙发、柜子、床、系统家具载入到项目中使用，也可从其他地方导入各式家具族，如图 8.1.2 所示。

（2）双击"项目浏览器"中的"楼层平面"，双击"1F"，打开一层平面视图，单击"建筑"选项卡→"构建"面板→"构件"工具，在"属

图 8.1.2 载入家具族

性"面板中选择刚刚载入的沙发，将光标移到需要放置沙发的位置，按 Space 键调整沙发的摆设方向，单击放置沙发，如图 8.1.3 所示。按同样的方法可布置其他的家具，在此不再重复叙述。

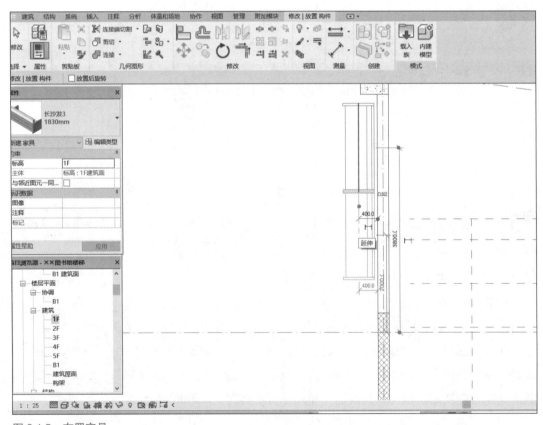

图 8.1.3 布置家具

（3）转到三维视图，使用剖面功能查看室内的家具布置，如图 8.1.4 所示。

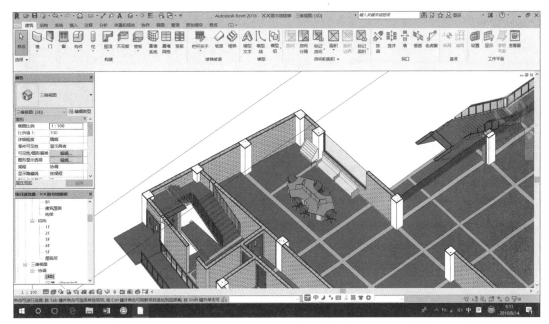

图 8.1.4　三维家具布置图

8.1.2　放置室内灯具

📖 **知识准备**

灯具：照明设备根据其放置的位置和功能的不同有室内灯具和室外照明，室内灯具又有壁灯、吊灯、射灯、嵌入灯、台灯、落地灯、天花板灯和指示灯等。有些必须安装在天花板上，有些需要安装在墙壁上。

在 Revit 中，可以通过平面结合三维的方式更直观地观察所布置的灯具。其主要通过"构件"工具进行布置，构件是可载入族的实例，可通过载入各类灯具族用于布置，布置时要注意灯具的位置，如天花板灯只能在创建了天花板的位置后布置，其他位置都会显示禁止标志。

✍ **实训操作**

放置室内灯具。

（1）启动 Revit 2018，打开前面操作的"××图书馆"项目文件，单击"插入"选项卡→"载入族"工具，单击"建筑"→"照明设备"→"天花板灯"文件，从程序族库中选择某个吸顶灯载入到项目中使用，也可从其他地方导入各式灯具，如图 8.1.5 所示。

（2）在相应需放置天花板吸顶灯的位置创建天花板，具体创建方法参见前面所述内容，如图 8.1.6 所示。

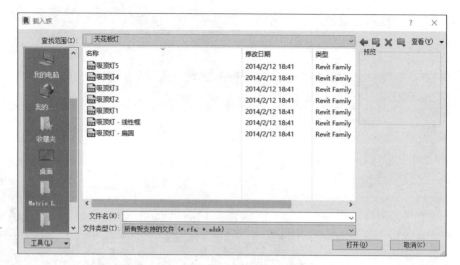

图 8.1.5 载入灯具族

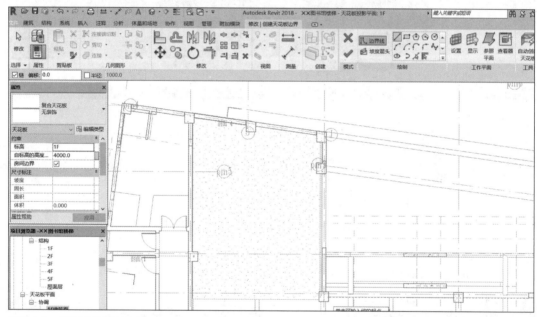

图 8.1.6 创建天花板

（3）双击"项目浏览器"中的"天花板平面"，双击"1F"，打开一层天花板平面视图，单击"建筑"选项卡→"构建"面板→"构件"工具，在"属性"面板中选择刚刚载入的吸顶灯，将光标移到天花板上需要放置吸顶灯的位置，单击放置吸顶灯，如图 8.1.7 所示。同时可以观察到在没有天花板的地方，无需放置吸顶灯，按同样的方法可布置其他的灯具，在此不再重复叙述。

（4）转到三维视图，使用剖面功能查看室内的灯具布置，如图 8.1.8 所示。

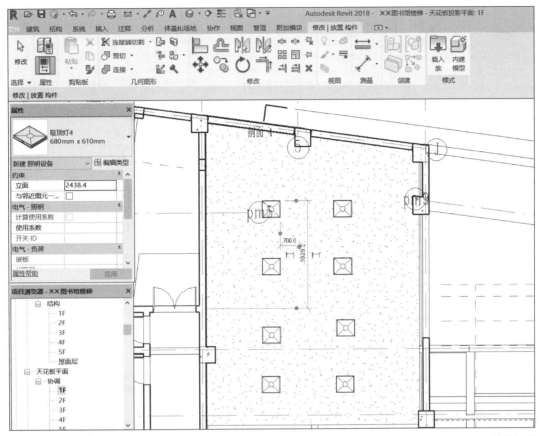

图 8.1.7　放置灯具

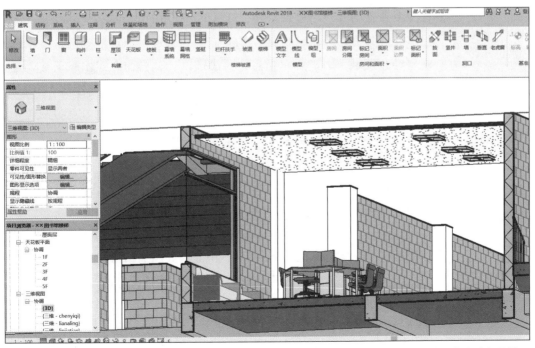

图 8.1.8　三维室内灯具效果

8.2 卫浴装置布置

📖 知识准备

卫浴装置：卫生间是工作生活中必须使用的空间，因此在公共建筑、居住建筑和工业建筑中都离不开卫生间的布置，包括卫生间隔断、坐便器、蹲便器、小便斗、洗脸盆、浴盆等，如图 8.2.1 所示。

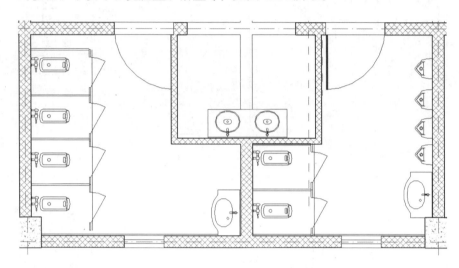

图 8.2.1 卫浴装置

在 Revit 中，提供了二维卫浴器具族和三维卫浴器具族，当需要和给水排水工程紧密结合时，需要选择带连接件功能的三维卫浴器具族。放置卫浴装置的方式与放置家具、灯具的方式相同，先载入相应族，再通过"构件"工具来完成放置，当放置构件出现无法放置状态时，一定要观看绘制区域下方的提示信息，要决定以什么样的方式才能正常放置。例如，洗脸盆可在视图的任意区域放置，卫生间隔断、蹲便器、小便斗必须拾取到墙才能完成放置。

✎ 实训操作

放置卫浴装置。

（1）启动 Revit 2018，打开前面操作的"××图书馆"项目文件，单击"插入"选项卡→"载入族"工具，单击"建筑"→"专用设备"→"卫浴构件"→"盥洗室隔断"文件，从程序族库中选择某款厕所隔断载入到项目中，也可从其他地方导入各式隔断，如图 8.2.2 所示。

（2）单击"插入"选项卡→"载入族"工具，单击"建筑"→"卫浴器具"→"3D"→"常规卫浴"文件，从程序族库中选择各类洗脸盆、小便斗、坐便器、蹲便器、污水槽等载入到项目中使用，也可从其他地方导入各式卫浴装置，如图 8.2.3 所示。

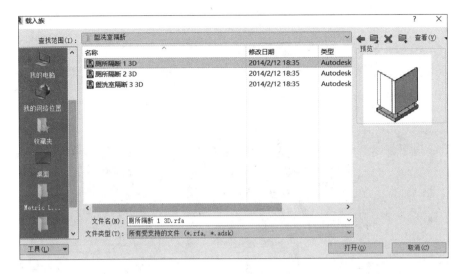

图 8.2.2　载入厕所隔断

图 8.2.3　载入卫浴装置

（3）双击"项目浏览器"中的"楼层平面"，双击"1F"，打开一层平面视图，单击"建筑"选项卡→"构建"面板→"构件"工具，选择"厕所隔断1"，在7~8轴与A~B轴的位置放置厕所隔断，如图8.2.4所示，注意卫生间隔断属于基于墙的实例，只有光标拾取到墙才能完成放置。

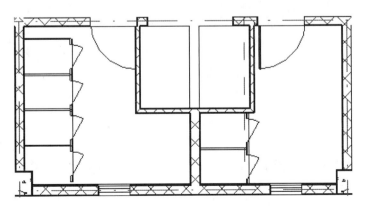

图 8.2.4　放置厕所隔断

（4）转到三维视图，使用剖面功能找到一层卫生间的位置，单击"建筑"选项卡→"构建"面板→"构件"工具，选择"蹲便器"，在厕所隔断内放置蹲便器，如图 8.2.5 所示，按 Space 键可以改变蹲便器的方向，并用光标拾取到墙的位置完成放置。

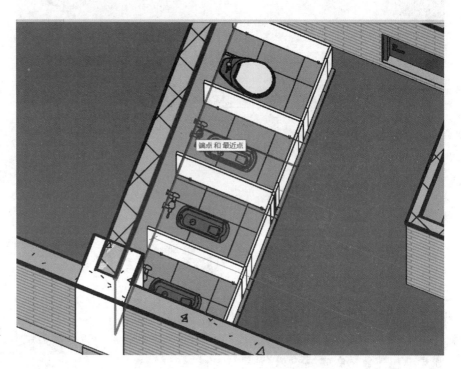

图 8.2.5　放置蹲便器

（5）使用相同的方法放置其他卫浴装置，如图 8.2.6 所示。

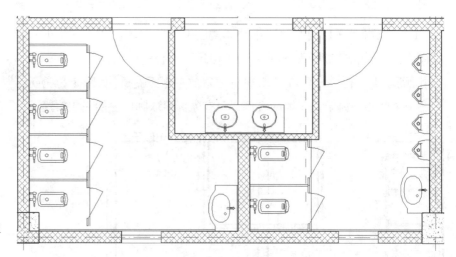

图 8.2.6　放置卫浴器具

（6）转到三维视图，使用剖面功能找到一层卫生间的位置，查看三维卫生间效果，如图 8.2.7 所示。

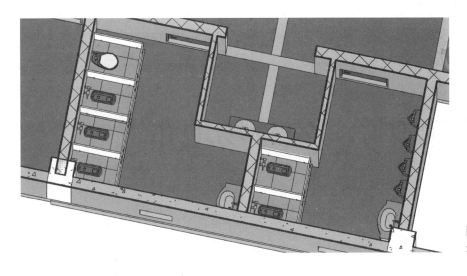

图 8.2.7　三维卫
生间效果

第 9 章　室外场地布置

9.1　创建场地

9.1.1　添加地形表面

📖 知识准备

地形表面是室外场地布置的基础。

在 Revit 中，可以在场地平面或三维视图中定义地形表面。创建地形表面的方式主要有两种：放置高程点和导入测量文件，如图 9.1.1 所示。

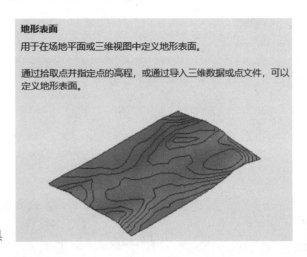

图 9.1.1　"地形表面"工具

放置高程点：用户手动添加地形点并指定高程，Revit 根据设定的高程点生成三维地形表面。

导入测量文件：用户可直接导入 DWG 格式的文件或测量数据文本，Revit 根据导入的文件数据生成场地地形表面。

✍ 实训操作

在标高 −600mm 处添加地形表面。

（1）为使在一层平面中能看到 −600mm 处的地形表面，设置视图显示范围：启动 Revit 2018，打开前面操作的"××图书馆"项目文件，双击"项目浏览器"中的"楼层平面"，双击"1F"，打开一层平面视图，单击"属性"面板中的视图范围栏的"编辑"按钮，将底部设为相关标高（1F）、偏移为−800，视图深度也设为相关标高（1F）、偏移为−800，如图9.1.2所示。

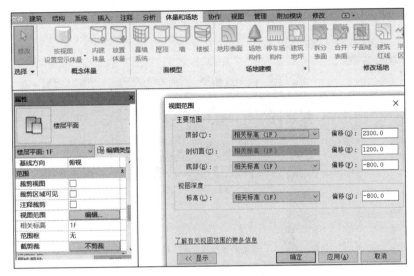

图9.1.2 设置视图范围

（2）单击"体量与场地"选项卡→"场地建模"面板→"地形表面"工具，在"修改 | 编辑表面"上下文选项的"工具"面板中选择"放置点"工具，在选项栏中设置高程为−600，按图9.1.3所示位置在图书馆四周放置高程点，单击"模式"面板中的"完成编辑模式"按钮。

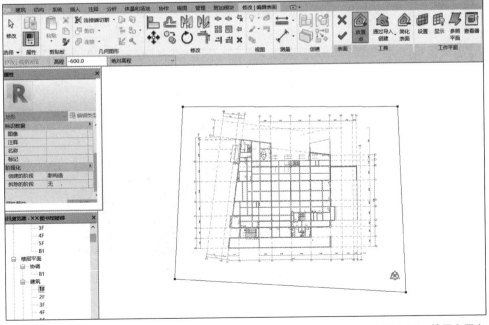

图9.1.3 放置高程点

（3）选中地形表面，单击"属性"面板中的材质，选择地形表面材质为"混凝土 - 现场浇注混凝土"，如图 9.1.4 所示。

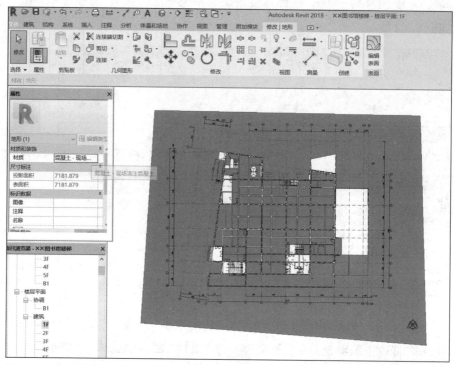

图 9.1.4　定义材质

（4）转到三维视图，去除剖面框选项，查看整个建筑与场地情况，如图 9.1.5 所示。

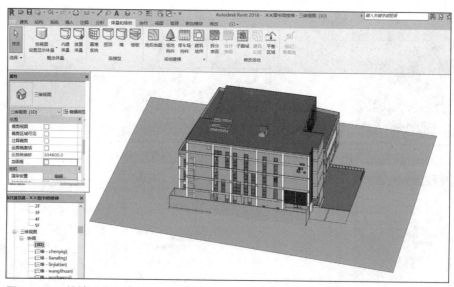

图 9.1.5　三维地形表面效果

9.1.2　创建场地道路和草地

📖 知识准备

Revit 提供了"子面域"和"拆分表面"工具，可将创建好的地形表面划分为不同的区域，设置道路、草地等不同的区域并设置材质，完成场地设计，如图 9.1.6 所示。

图 9.1.6　"修改场地"面板

✍ 实训操作

添加各类场地构件。

（1）启动 Revit 2018，打开前面操作的"××图书馆"项目文件，双击"项目浏览器"中的"楼层平面"，双击"1F"，打开一层平面视图，单击"体量和场地"选项卡→"修改场地"面板→"子面域"工具，在"修改｜创建子面域边界"上下文选项的"绘制"面板中选择"直线"和"弧线"等工具，绘制如图 9.1.7 所示的子面域，单击"模式"面板中的"完成编辑模式"按钮。（注意：与楼板等构件相同，子面域必须是一个闭合的区间，否则创建时将出错。）

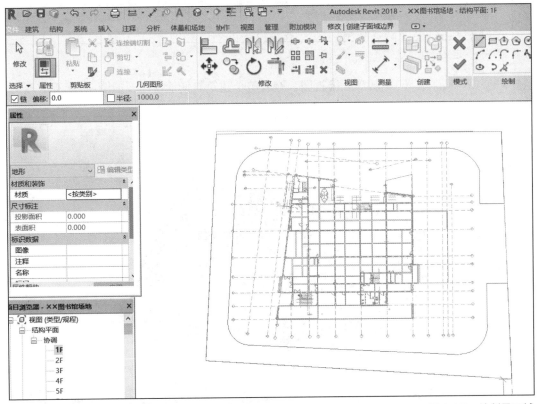

图 9.1.7　绘制子面域

（2）选中子面域，单击"属性"面板中的材质，选择材质为"草地"，如图 9.1.8 所示。

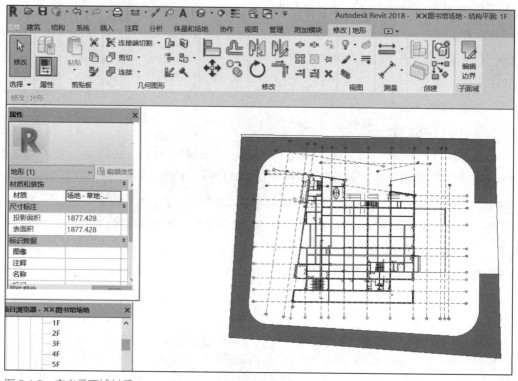

图 9.1.8　定义子面域材质

（3）转到三维视图，查看整个建筑与场地情况，如图 9.1.9 所示。

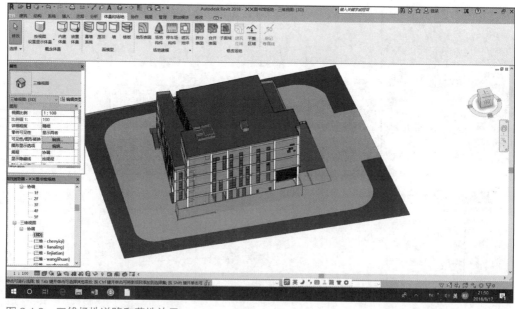

图 9.1.9　三维场地道路和草地效果

9.2　放置场地构件

📖 知识准备

场地构件：可以用于在场地中添加特定的构件，如树、停车场、室外照明、篮球场等，如图 9.2.1 所示。

在 Revit 中，可通过载入族方式载入各种类型的场地构件，供用户使用。

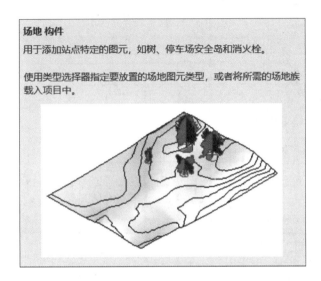

图 9.2.1　场地构件

✎ 实训操作

放置场地构件。

（1）启动 Revit 2018，打开前面操作的"××图书馆"项目文件，单击"插入"选项卡→"载入族"工具，单击"建筑"→"场地"→"停车场"文件，从程序族库中选择小汽车停车位等族载入到项目中使用，如图 9.2.2 所示。

图 9.2.2　载入停车场构件

（2）双击"项目浏览器"中的"楼层平面"，双击"1F"，打开一层平面视图，单击"建筑"选项卡→"构建"面板→"构件"工具，选择"小汽车停车位 2D-3D"，在场地内放置小汽车停车位，如图 9.2.3 所示。（注意：放置停车位时，按 Space 键可改变停车位的方向，其他停车场构件放置方式与停车位相同，在此不再重复演示。）

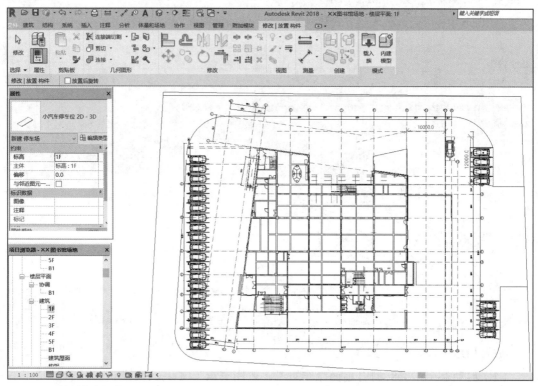

图 9.2.3　放置停车场构件

（3）单击"插入"选项卡→"载入族"工具，单击"建筑"→"配景"文件，从程序族库中选择 RPC 女性、RPC 男性、RPC 甲虫族载入到项目中使用，如图 9.2.4 所示。

（4）进入三维视图，单击"建筑"选项卡→"构建"面板→"构件"工具，选择"甲虫"，在停车位的位置放置甲虫小汽车，选择各种男性或女性人物，在图书馆的门口、汽车边上等位置放置人物，如图 9.2.5 所示。（注意：把人物放在室外楼板上时，要将人物向上偏移 350mm，否则会看不见脚部。）

（5）进入三维视图，设置视图控制栏的视觉效果为"真实"，得到如图 9.2.6 所示的视觉效果。由于真实效果对内存和 CPU 的要求较高，会影响软件操作速度，所以在设置完成后又可回到"着色"效果，以方便后面的操作。

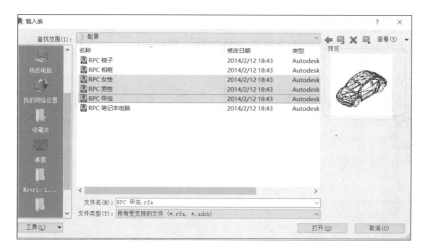

图 9.2.4 插入汽车和
人物构件

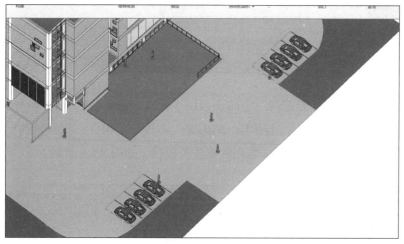

图 9.2.5 放置汽车和
人物构件

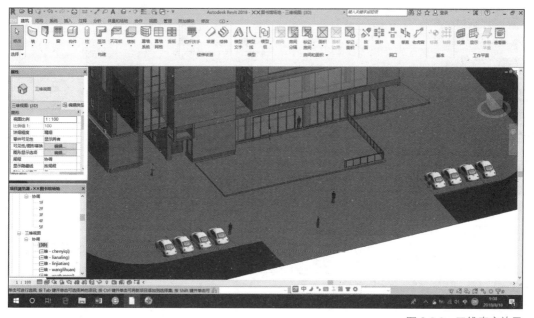

图 9.2.6 三维真实效果

（6）单击"插入"选项卡→"载入族"工具，单击"建筑"→"植物"→"3D"文件，从程序族库中选择各类植物载入到项目中，如图 9.2.7 所示。

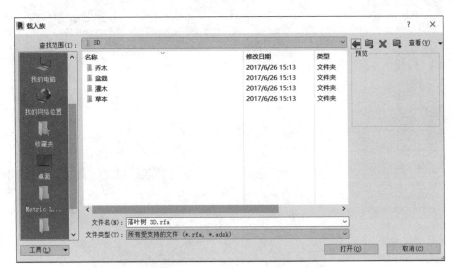

图 9.2.7 载入植物构件

（7）双击"项目浏览器"中的"楼层平面"，双击"1F"，打开一层平面视图，单击"建筑"选项卡→"构建"面板→"构件"工具，选择各类植物，在场地的草地子面域内放置各类植物，如图 9.2.8 所示。

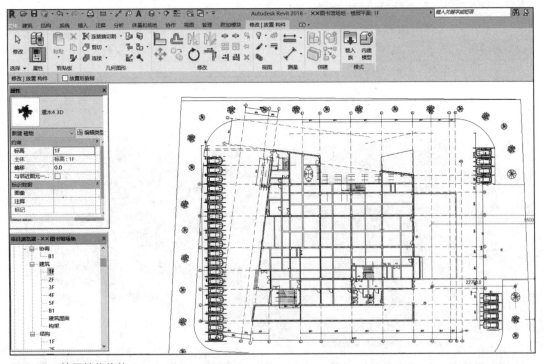

图 9.2.8 放置植物构件

（8）单击"插入"选项卡→"载入族"工具，单击"建筑"→"照明设备"→"外部照明"文件，从程序族库中选择某款室外灯载入到项目中，如图 9.2.9 所示。

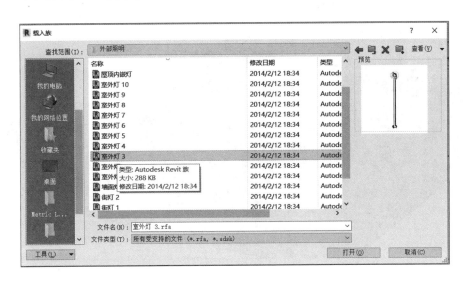

图 9.2.9　载入室外照明设施

（9）双击"项目浏览器"中的"楼层平面"，双击"1F"，打开一层平面视图，单击"建筑"选项卡→"构建"面板→"构件"工具，选择室外灯，在场地的草地子面域的边缘放置室外灯具，如图 9.2.10 所示。

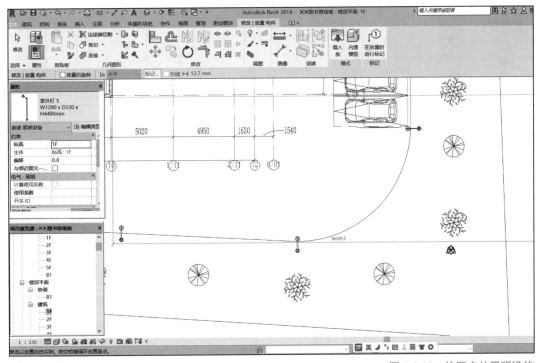

图 9.2.10　放置室外照明设施

（10）转到三维视图，查看总体场地布置效果，如图 9.2.11 所示。

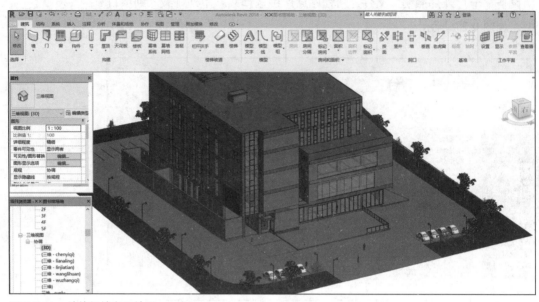

图 9.2.11　总体场地布置效果

第 10 章　渲染与漫游

10.1　渲染

10.1.1　室外渲染

　　📖 知识准备

　　渲染可用于创建建筑模型的照片级真实感图像，并可导出 JPG 格式的图像文件供设计师与业主进行交流使用。

　　Revit 集成了 Mental Ray 渲染引擎，无须使用其他软件就可生成建筑模型的照片级真实渲染图像。

教学视频：渲染与漫游

　　✏ 实训操作

　　进行建筑模型的室外渲染。

　　（1）在二层高度设置相机：启动 Revit 2018，打开前面操作的"××图书馆"项目文件，双击"项目浏览器"中的"楼层平面"，双击"2F"，打开二层平面视图，单击"视图"选项卡→"创建"面板→"三维视图"工具，选择"相机"，选项栏中勾选"透视图"选项（不勾选"透视图"选项，视图会变成正交视图，即轴测图，用户可自行尝试）、"偏移"值为 1750（此设置的效果为相机离二层标高 1750mm 处拍摄效果，和人站在二层拍摄效果类似），在建筑物的东侧单击，放置相机视点，向左侧移动鼠标指针至"目标点"位置（见图 10.1.1），单击生成三维透视图（见图 10.1.2）。

　　（2）选中三维视图外围的框，可对相机做进一步的调整，也可使用"属性"面板中的参数对相机做进一步设置（见图 10.1.3）。

　　（3）单击"视图"选项卡→"演示视图"面板→"渲染"工具，设置渲染参数，如图 10.1.4 所示。

　　（4）单击"渲染"按钮，等待渲染（一般需要一些时间），室外渲染效果如图 10.1.5 所示。

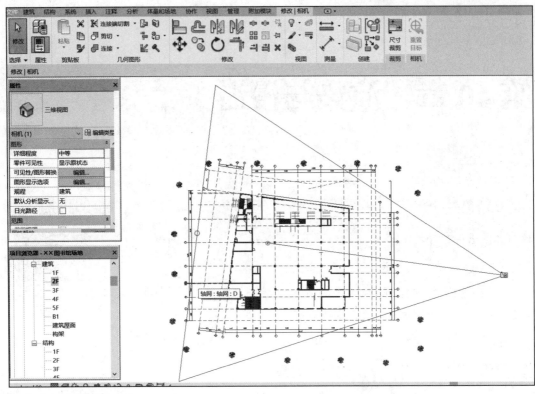

图 10.1.1　放置相机

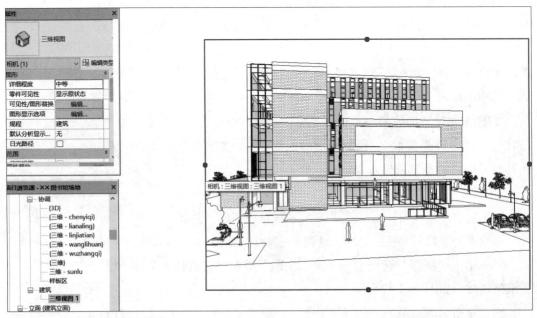

图 10.1.2　生成室外三维透视图

图 10.1.3　相机属性

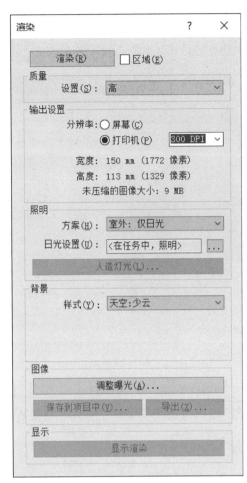

图 10.1.4　"渲染"对话框

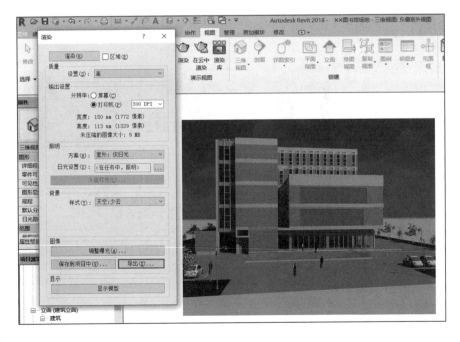

图 10.1.5　室外
渲染效果

（5）单击"导出"按钮，将渲染好的图片导出 JPG 格式文件，如图 10.1.6 所示。

图 10.1.6　导出渲染图片

（6）单击"保存到项目中"按钮，将渲染好的图片保存到"项目浏览器"的"渲染"分支中，如图 10.1.7 所示。

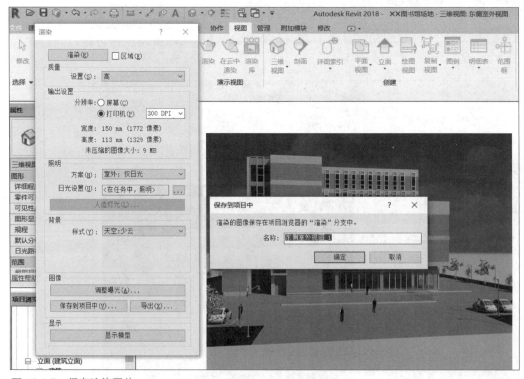

图 10.1.7　保存渲染图片

10.1.2　室内渲染

📖 知识准备

在 Revit 中，室内渲染与室外渲染使用的工具和操作方法相同。在做室内渲染之前一般需要先做灯光的布置，此内容在前面放置室内灯具部分已有介绍。

✎ 实训操作

进行建筑模型的室内渲染。

（1）设置相机：启动 Revit 2018，打开前面操作的"××图书馆"项目文件，双击"项目浏览器"中的"楼层平面"，双击"1F"，打开一层平面视图，单击"视图"选项卡→"创建"面板→"三维视图"工具，选择"相机"，放置相机位置，如图 10.1.8 所示。

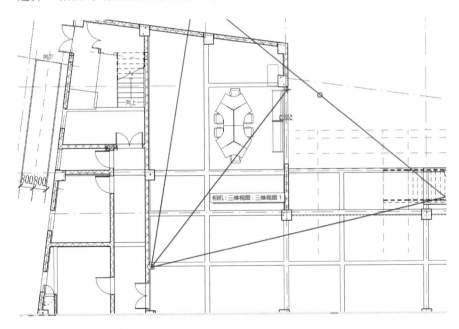

图 10.1.8　放置相机位置

（2）生成三维视图，如图 10.1.9 所示。

（3）选中三维视图外围的框，可对相机做进一步的调整，也可使用"属性"面板中的参数对相机做进一步设置，如图 10.1.10 所示。

（4）单击"视图"选项卡→"演示视图"面板→"渲染"工具，设置渲染参数，如图 10.1.11 所示。选择照明方案为"室内：仅人造光"，可形成晚上仅灯光作用下的室内效果。

（5）单击"导出"按钮，将渲染好的图片导出 JPG 格式文件，单击"保存到项目中"按钮，将渲染好的图片保存到"项目浏览器"的"渲染"分支中，如图 10.1.12 所示。

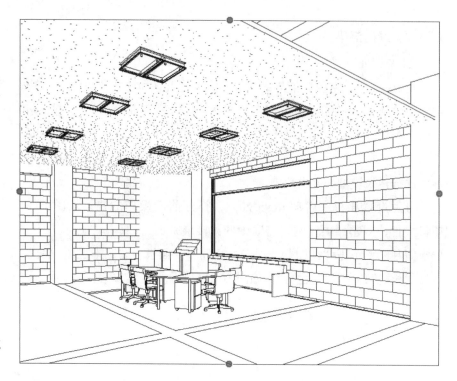

图 10.1.9 生成三维视图

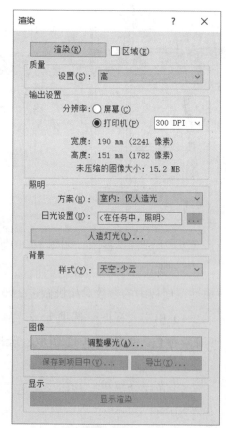

图 10.1.10 调整相机属性

图 10.1.11 "渲染"对话框

图 10.1.12　室内渲染效果图

10.2　漫游

10.2.1　室外漫游

📖 **知识准备**

漫游：如果说相机可实现对建筑模型的拍照功能，则漫游可实现对建筑模型的摄像功能，漫游整个建筑物外部和内部的情况，制作漫游动画效果，如图 10.2.1 所示。

Revit 可以将漫游导出为 AVI 格式的文件或图像文件。将漫游导出为图像文件时，漫游的每个帧都会保存为单个文件，可以导出所有帧或一定范围的帧。

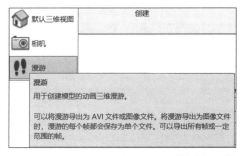

图 10.2.1　"漫游"工具

🖎 **实训操作**

进行建筑模型的室外渲染。

（1）在二层高度设置相机：启动 Revit 2018，打开前面操作的"××图书馆"项目文件，双击"项目浏览器"中的"楼层平面"，双击"3F"，打开三层平面视图，单击"视图"选项卡→"创建"面板→"三维视图"工具，选择"漫游"，选项栏中勾选"透视图"，"偏移"值为 1750，单击东侧空白处设置漫游起始点，隔一段距离设置一个相机点，最后形成一个绕建筑物一周的漫游路径，如图 10.2.2 所示。

（2）选中刚创建的漫游路径，单击"编辑漫游"，设置"修改 | 相机"选项栏中"控制"内容为"活动相机"，单击"上一关键帧"和"下一关

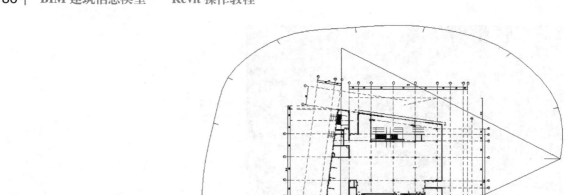

图 10.2.2　绘制漫游路径

键帧"可选中不同的相机，调整相机拍摄的方向和视距，如图 10.2.3 所示，使所有相机都朝向建筑物，并能拍摄到建筑物全貌。

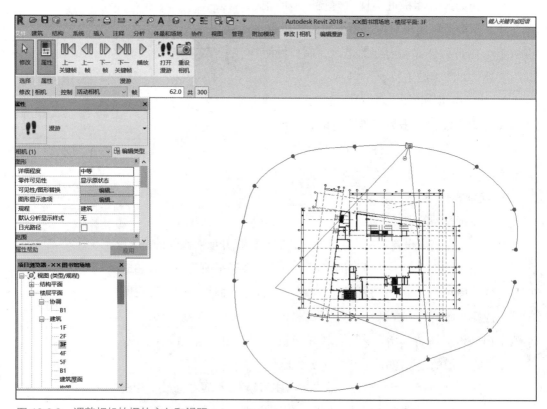

图 10.2.3　调整相机拍摄的方向和视距

（3）查找"项目浏览器"中的"漫游"选项，双击"漫游 1"进入
3D 漫游模式地，如图 10.2.4 所示，单击"编辑漫游"工具，通过"播放"
按钮查看漫游效果，用户也可使用漫游边框上的控制点调整相机。

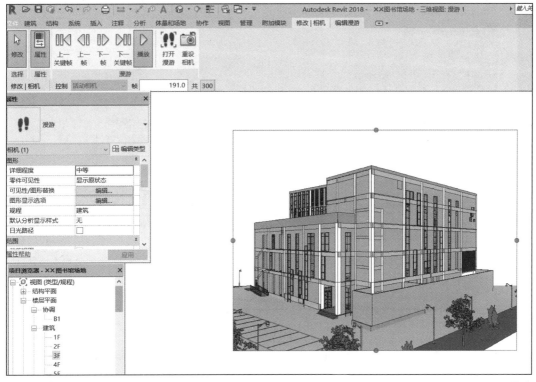

图 10.2.4　3D 漫游

（4）选中"漫游"（即边框显示控制点），回到三层平面视图，设置
"修改 | 相机"选项栏中"控制"内容为"路径"，屏幕中的路径上显示
蓝色小圆点，拖动小圆点可改变原来的路径，如图 10.2.5 所示。

（5）设置"修改 | 相机"选项栏中"控制"内容为"添加关键帧"，
在路径上空白处单击，将添加一个相机，如图 10.2.6 所示。

（6）设置"修改 | 相机"选项栏中"控制"内容为"删除关键帧"，
在路径上红色小圆点处单击，将删除该处的关键帧，如图 10.2.7 所示。

（7）选中"漫游"，可在"属性"面板中设置相应的参数值，如漫游
帧可设置漫游的总帧数和每秒播放的帧数，用以控制漫游的精度和速度，
如图 10.2.8 所示。

（8）选中"漫游"（即边框显示所有控制点）→"三维视图"，设置
"修改 | 相机"选项栏中"控制"内容为"路径"，屏幕中的路径上显示
蓝色小圆点，拖动小圆点不仅可以在水平方向改变路径，还可以在垂直
方向改变路径，使漫游建筑时不仅在水平方向移动，还可以在垂直方向

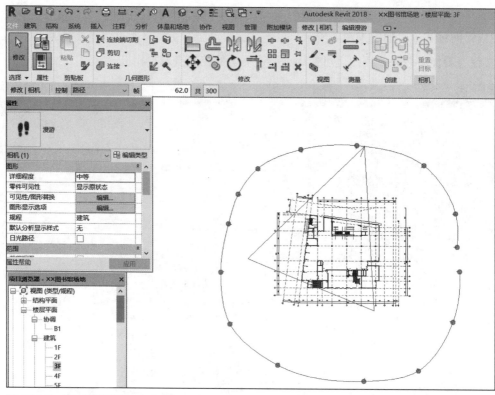

图 10.2.5　修改漫游路径

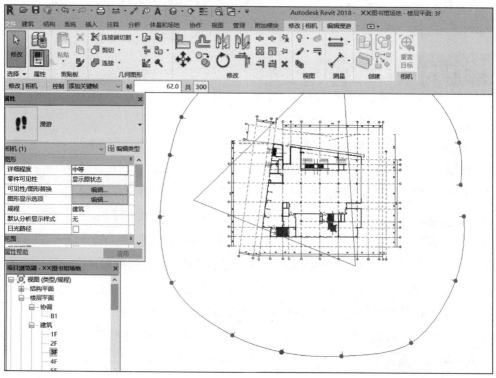

图 10.2.6　添加关键帧

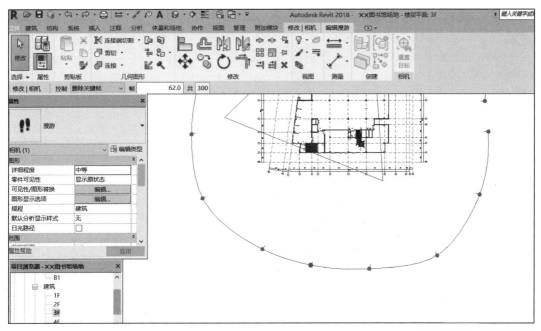

图 10.2.7　删除关键帧

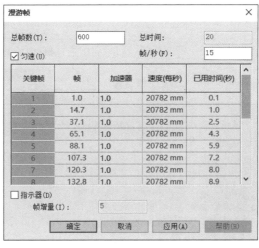

图 10.2.8　漫游
属性设置

移动，如图 10.2.9 所示。

（9）单击"文件"→"导出"→"图像与动画"→"漫游"选项，设置导出参数，如图 10.2.10 所示，如选择"渲染"，对设备要求较高且需要较长时间，单击"确定"按钮，将导出 AVI 格式的视频文件，如图 10.2.11 所示。

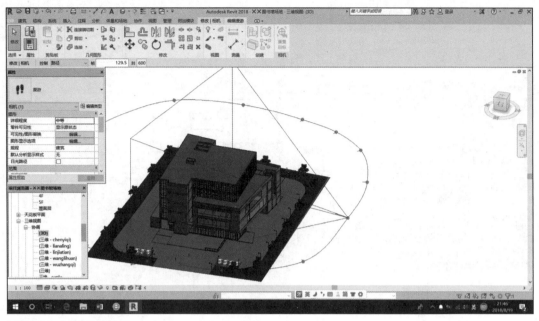

图 10.2.9　室外渲染效果

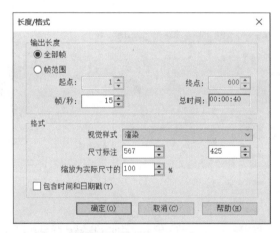

图 10.2.10　导出参数设置

图 10.2.11　导出
AVI 格式的视频
文件

10.2.2　室内漫游

📖 知识准备

室内漫游与室外漫游方法相似，只是把相机根据需要设置在室内，通过设置相机和路径，可进行室内不同楼层之间的漫游，如一个人置身于其中，漫游整个建筑的内部。

✎ 实训操作

进行建筑模型的室内不同楼层之间的漫游。

（1）启动 Revit 2018，打开前面操作的"××图书馆"项目文件，双击"项目浏览器"中的"楼层平面"，双击"1F"，打开一层平面视图，单击"视图"选项卡→"创建"面板→"三维视图"工具，选择"漫游"，从东侧主门开始，按图 10.2.12 所示设置漫游路径。

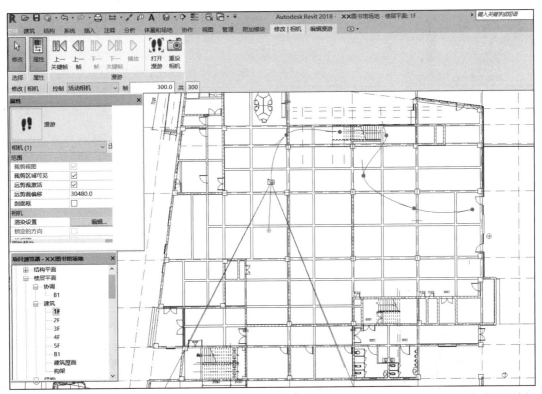

图 10.2.12　设置室内漫游路径

（2）单击"打开漫游"或双击"项目浏览器"中的"漫游 2"打开漫游，如图 10.2.13 所示。

（3）打开三维视图，使用"属性"面板中剖面框功能，使视图显示一层内部，回到漫游 2 视图，选中漫游 2 外框（显示有控制点），到三维视图，设置"修改｜相机"选项栏中"控制"内容为"路径"，使

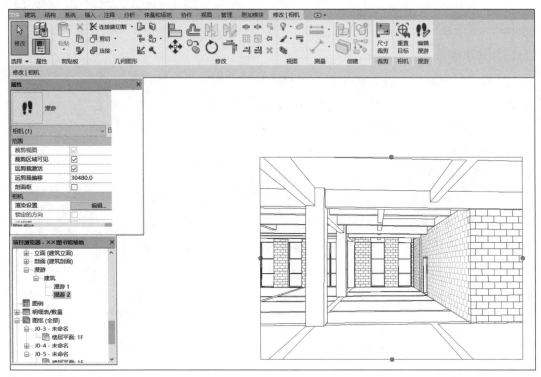

图 10.2.13　打开漫游

用屏幕中的路径上显示的蓝色小圆点，在楼梯处逐步提升路径高度，如图 10.2.14 所示。

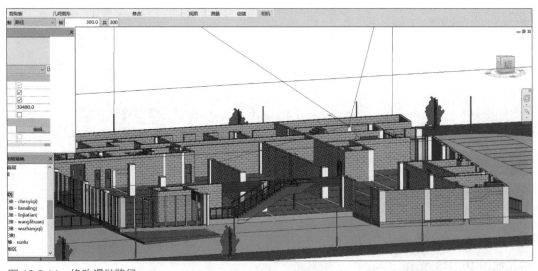

图 10.2.14　修改漫游路径

（4）查找"项目浏览器"中的"漫游"选项，双击"漫游 2"进入 3D 漫游模式，单击"编辑漫游"工具，通过"播放"按钮查看漫游

效果，用户可看到从东门开始漫游，至楼梯处上楼至二层的全过程，如
图 10.2.15 所示。

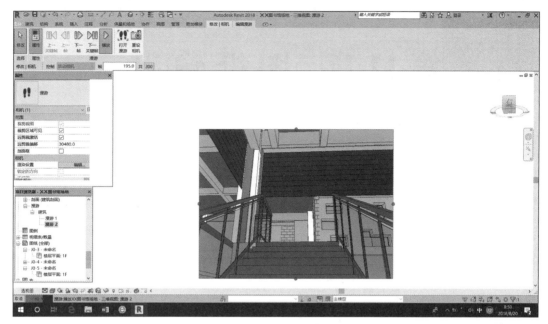

图 10.2.15　漫游上楼梯过程

第11章 图纸输出

11.1 视图基本设置

11.1.1 设置对象样式

📖 知识准备

对象样式设置：在绘制图纸之前，首先要根据实际施工图纸的规范
要求，设置各个对象的颜色、线型和线宽等。

✎ 实训操作

设置线型与线宽的对象样式。

（1）启动 Revit 2018，打开前面操作的"××图书馆"项目文件，双
击"项目浏览器"中的"楼层平面"，双击"1F"，打开一层平面视图，单击
"管理"选项卡→"设置"面板→"其他设置"工具，选择"线型图案"，
如图 11.1.1 所示。

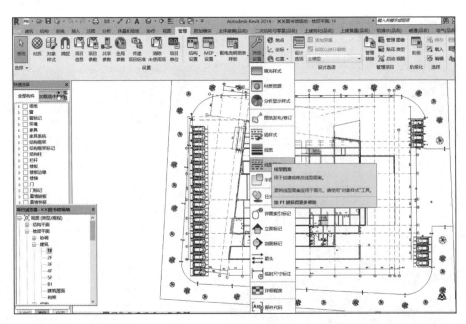

图 11.1.1 设
置线型图案

（2）单击"新建"按钮，在"线型图案属性"对话框中输入名称"GB轴网"，设置轴网线型，如图 11.1.2 所示。

（3）在一层平面中任意选中一条轴线，单击"属性"面板中的"编辑类型"按钮，设置类型属性，如图 11.1.3 所示，单击"确定"按钮，如图 11.1.4 所示，轴网线型已改变为新设线型效果。

（4）线宽设置：单击"管理"选项卡→"设置"面板→"线宽"工具，可对模型线宽、透视视图线宽、注释线宽进行设置，如图 11.1.5 所示。在后面的对象样式设置时，只需设置相应的线宽编号 1~16 即可，Revit 会根据已经设置的线宽值和视图比例进行显示。

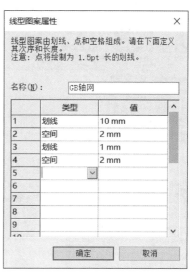

图 11.1.2　"线型图案属性"对话框

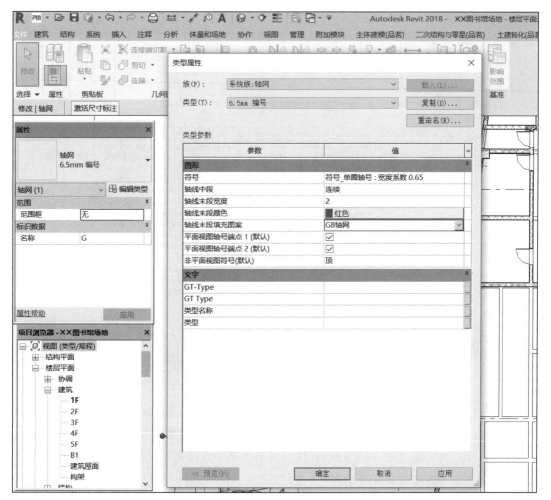

图 11.1.3　修改轴网类型

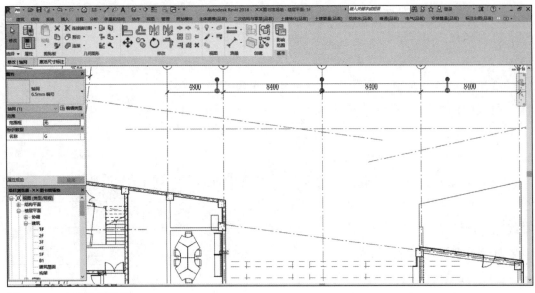

图 11.1.4　轴网线型效果

图 11.1.5　线宽
设置

（5）对象样式设置：单击"管理"选项卡→"设置"面板→"对象样式"工具，可对模型对象、注释对象、分析模型对象、导入对象进行设置，如图 11.1.6 所示。用户可从表格中选择某一对象如墙，对其投影线宽、截面线宽、线型颜色、线型图案、材质进行设置，如图 11.1.7 所示为将墙线颜色设置为蓝色的效果。

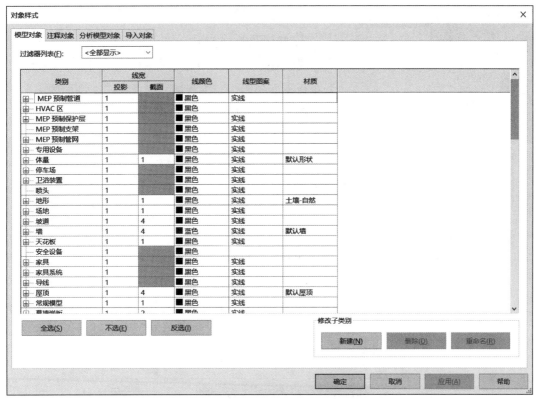

图 11.1.6　对象样式设置

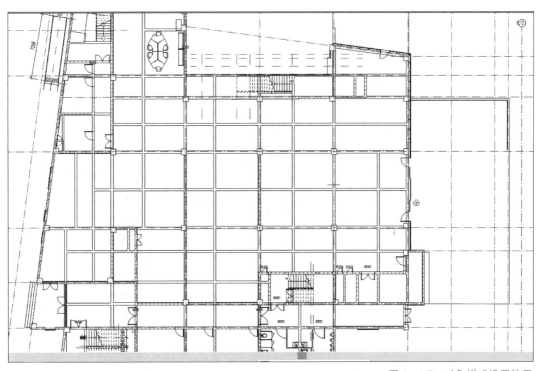

图 11.1.7　对象样式设置效果

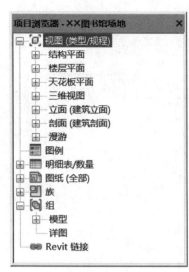

图 11.1.8 视图管理

11.1.2 视图管理

📖 **知识准备**

视图管理：Revit 中有结构平面视图、楼层平面视图、天花板平面视图、三维视图、立面视图、剖面视图、明细表视图等，所有的视图通过"项目浏览器"进行管理，如图 11.1.8 所示。用户可对视图进行创建、复制、删除、视图属性、可见性 / 图表替换、显示范围等设置，以得到所需的显示、输出、打印的图纸。

✍ **实训操作**

进行视图管理。

（1）复制视图：启动 Revit 2018，打开前面操作的"××图书馆"项目文件，双击"项目浏览器"中的"楼层平面"，双击"1F"，打开一层平面视图，弹出快捷菜单，选择"复制视图"，里面有三个选项："复制""带细节复制"和"复制作为相关"，如图 11.1.9 所示。本例选择"带细节复制"。

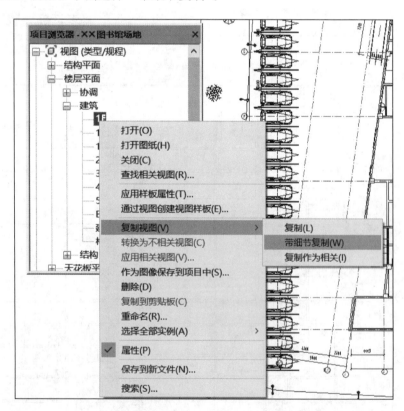

图 11.1.9 复制视图

"复制"：可以生成新的视图副本，并对其单独设置可见性、过滤器、视图范围等属性。

"带细节复制"：与"复制"的区别是不仅复制项目模型图元，还复制注释图元，其他与"复制"功能一样。

"复制作为相关"：当主视图中有任何修改，关联视图可实时显示。

（2）双击刚复制好的视图"1F 副本 1"平面视图，在"属性"面板中显示如图 11.1.10 所示的属性参数。可对视图中的显示内容和范围进行设置。

（3）可见性设置：单击"属性"面板中的"可见性 / 图形替换"后的"编辑"按钮，弹出如图 11.1.11 所示的对话框。可分别对模型、注释、分析模型、导入和过滤器中的具体内容的可见性进行设置，当对某个类别进行打钩时，该类别可见；如果没有打钩，则该类别不可见。本例中，将"1F 副本 1"模型类别中的停车场、地形、场地、植物、照明设备、环境、楼板等设为不可见，将"1F 副本 1"注释类别中的参照平面设为不可见，如图 11.1.12 所示。

（4）显示范围设置：单击"属性"面板中的"视图范围"后的"编辑"按钮，弹出"视图范围"设置对话框，用户可对一层平面中显示的视图范围进行设置，如图 11.1.13 所示，表示在该平面视图将显示从标高范围在 1F 的 −800~+2300mm 的所有图元。

（5）创建视图样板：经过上面的设置，"1F 副本 1"的视图显示效果如图 11.1.14 所示，单击"视图"选项卡→"图形"面板→"视图样板"工具→"从当前视图创建样板"按钮，输入样板名为"建筑平面"，单击"确定"按钮，弹出"视图样板"对话框，如图 11.1.15 所示，单击"确定"按钮。

（6）使用前面介绍的"带细节复制"功能复制"2F 副本 1"，双击"2F 副本 1"进入该平面视图，单击"视图"选项卡→"图形"面板→"视图样板"工具→"将样板属性应用于当前视图"按钮，弹出"应用视图样板"对话框，如图 11.1.16 所示，选择刚才创建的"建筑平面"样板，单击"确定"按钮，其视图显示效果将与"1F 副本 1"一致，如图 11.1.17 所示。

（7）以上对平面视图的操作同样适用于立面视图、剖面视图，在此不再重复介绍。

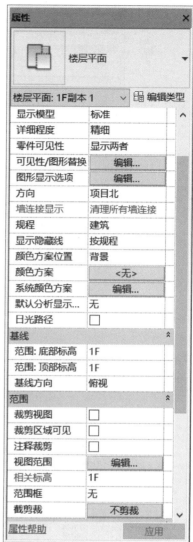

图 11.1.10　视图属性

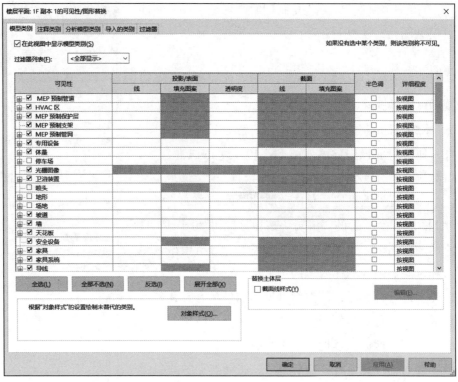

图 11.1.11　视图可见性 / 图形替换

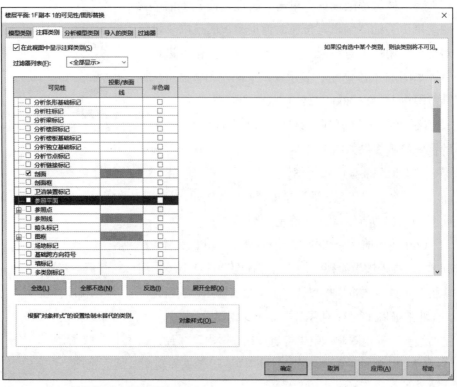

图 11.1.12　注释类别可见性设置

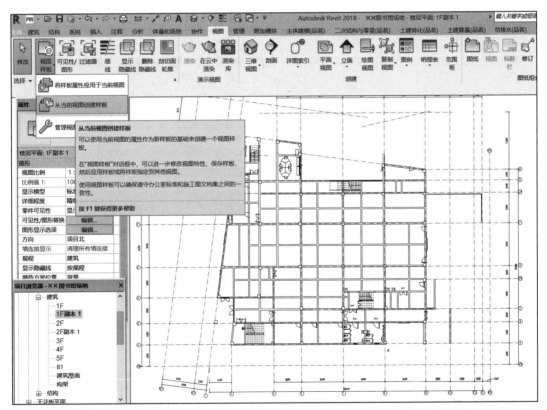

图 11.1.13　视图范围设置

图 11.1.14　创建视图样板

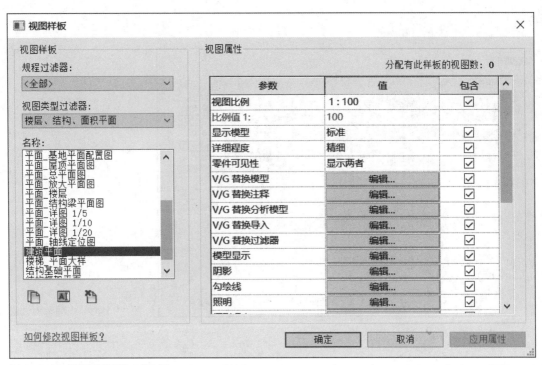

图 11.1.15 "视图样板"对话框

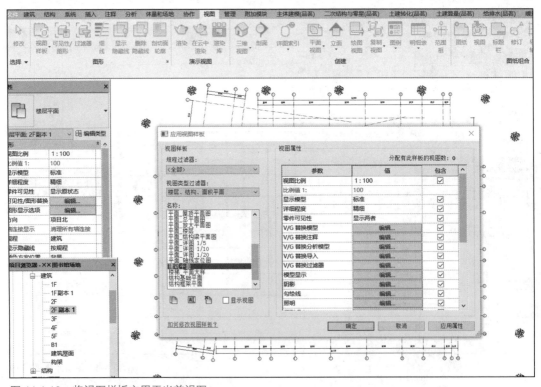

图 11.1.16 将视图样板应用于当前视图

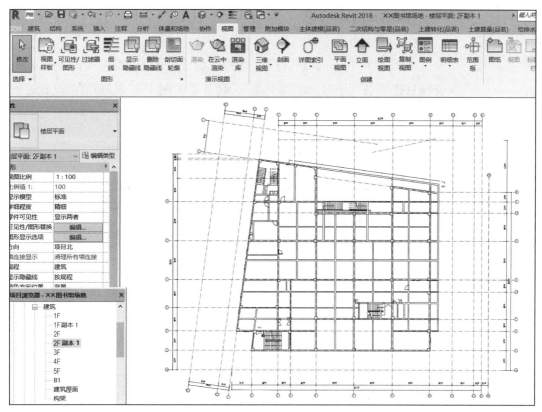

图 11.1.17 2F 副本 1 视图显示效果

11.2 图纸绘制与输出

11.2.1 图纸绘制

教学视频：图纸
绘制与输出

📖 **知识准备**

图纸绘制：在施工图设计中，图纸按表达的内容和性质分为平面图、立面图、剖面图、大样详图等。

Revit 有结构平面视图、楼层平面视图、天花板平面视图、立面视图、剖面视图、三维视图、明细表视图等，所有的视图都可以作为图纸的内容输出，在完成前面的对象样式和视图可见性等设置以后，还可以在视图中添加尺寸标注、高程点、文字、符号等信息，进一步完善施工图设计，如图 11.2.1 所示。

图 11.2.1 "注释"选项卡

✍ 实训操作

完成图纸绘制。

（1）启动 Revit 2018，打开前面操作的"××图书馆"项目文件，双击"项目浏览器"中的"楼层平面"，双击"1F 副本 1"打开前面设置过的平面视图，单击"注释"选项卡→"尺寸标注"面板→"对齐"工具，进行尺寸标注，如图 11.2.2 所示。

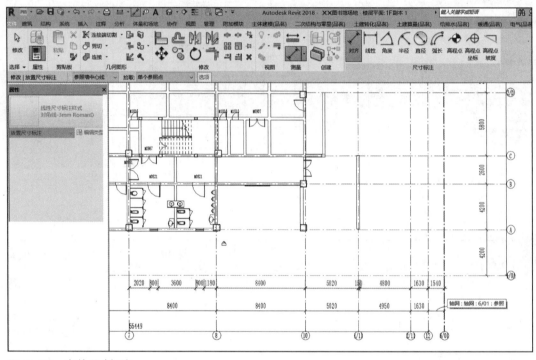

图 11.2.2　完善尺寸标注

（2）双击"南"立面视图，使用视图复制功能复制"南 副本 1"，使用前面介绍的视图可见性控制功能，或使用隐藏功能将绘制图纸时不需要的图元隐藏，如图 11.2.3 所示。

（3）完成立面图尺寸标注，如图 11.2.4 所示。

（4）单击"注释"选项卡→"尺寸标注"面板→"高程点"工具，进行门窗洞口的高程标注，如图 11.2.5 所示。

（5）单击"注释"选项卡→"文字"面板→"文字"工具，设置"引线"面板中文字引线方式为"二段引线"，在需要添加文字注释的墙面单击作为引线起点，垂直向上移动光标，绘制垂直方向引线，在立面图上方单击生成第一段引线，再沿水平方向向右移动光标并单击绘制第二段引线，进入文字输入状态输入具体的立面做法文字，如图 11.2.6

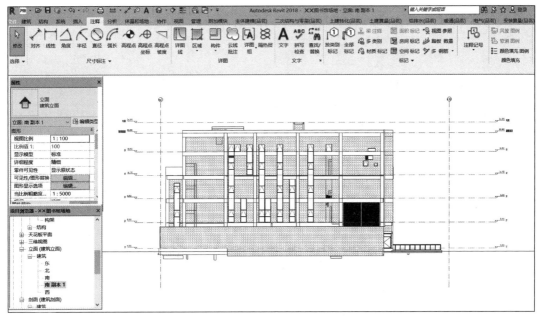

图 11.2.3 视图复制与设置

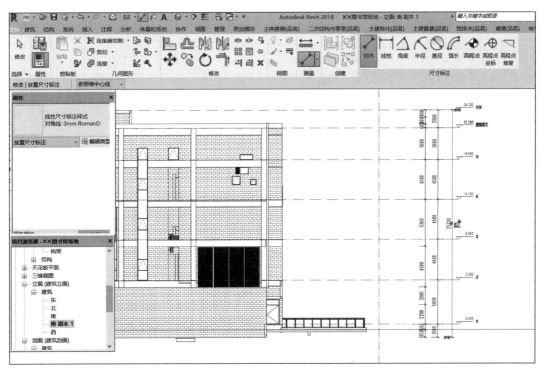

图 11.2.4 立面图尺寸标注

所示。

（6）剖面视图：双击"1F 副本 1"的平面视图，单击"视图"选项

卡→"演示视图"面板→"剖面"工具，如图 11.2.7 所示。

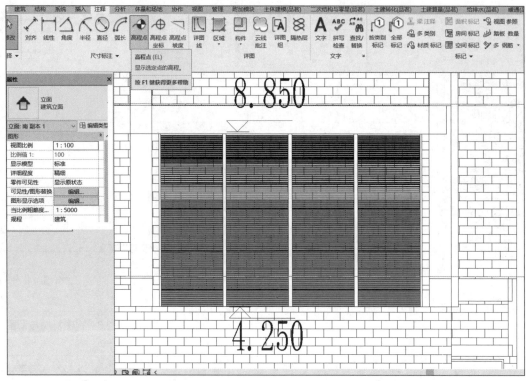

图 11.2.5　高程点标注

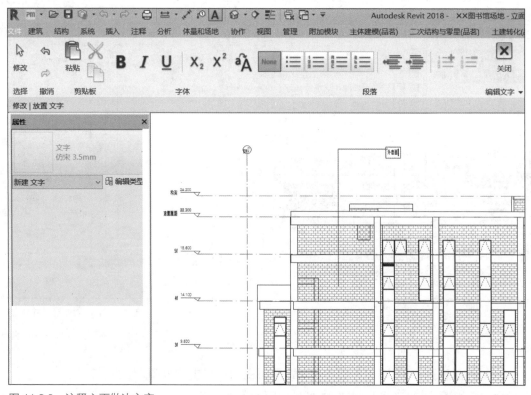

图 11.2.6　注释立面做法文字

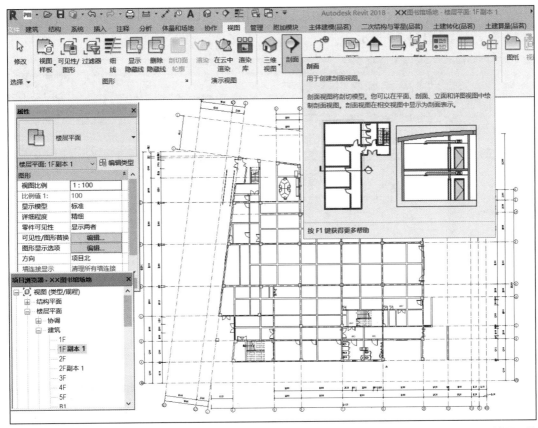

图 11.2.7　剖面工具

（7）绘制剖面：在"1F 副本 1"的平面视图中的 A~B 轴之间，从西往东绘制"剖面 1"，如图 11.2.8 所示。

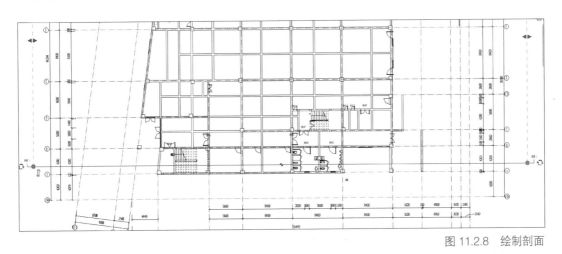

图 11.2.8　绘制剖面

（8）修改剖面视图：双击"项目浏览器"中的"剖面"→"建筑"→"剖面 1"，使用前面的视图样式和管理功能，将不需要的图元隐藏或设为不可见，使用尺寸标注功能标注尺寸，使用高程设置功能设置高程，如图 11.2.9 所示。

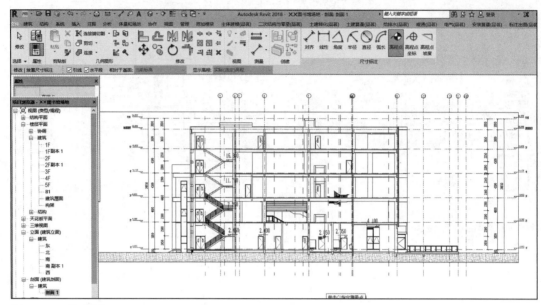

图 11.2.9 修改剖面

（9）创建详图视图：双击"1F"的平面视图，单击"视图"选项卡→"创建"面板→"详图索引"工具，选择"草图"，在一层平面视图的卫生间位置绘制矩形，如图 11.2.10 所示，单击"模式"面板中的"完成编辑模式"按钮。

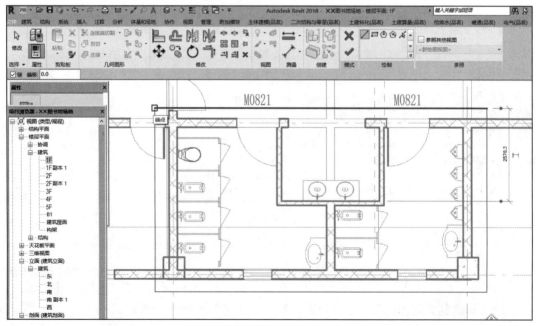

图 11.2.10 创建详图视图

（10）修改详图视图：双击"项目浏览器"中的"1F- 详图索引 1"，可对详图进行修改、标注尺寸等，如图 11.2.11 所示。

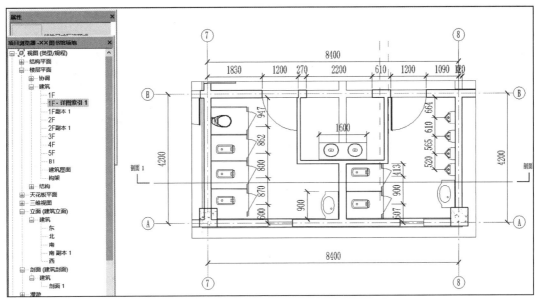

图 11.2.11　修改详图视图

11.2.2　统计明细表

📖 知识准备

明细表 / 数量：Revit 可按对象类别统计并列表显示项目中各类模型图元信息、数量等，可使用此功能对门窗、材料等进行统计。

✎ 实训操作

完成门窗明细表。

（1）启动 Revit 2018，打开前面操作的"××图书馆"项目文件，单击"视图"选项卡→"创建"面板→"明细表 / 数量"工具，如图 11.2.12 所示。

（2）在弹出的"新建明细表"对话框的"类别"栏中选择"门"，如图 11.2.13 所示。

（3）在弹出的"明细表属性"对话框中选择明细表所需要的字段，如图 11.2.14 所示。

（4）切换到"排序 / 成组"选项卡，排序方式选择按"类型"升序排列，为了实现能按类型在合计栏中进行分类汇总，将"逐项列举每个实例"的选项的钩取消，如图 11.2.15 所示。

（5）切换到"外观"选项卡，设置明细表的外观，如图 11.2.16 所示，单击"确定"按钮。

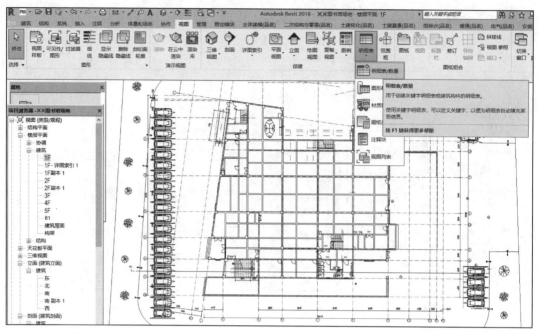

图 11.2.12 创建明细表工具

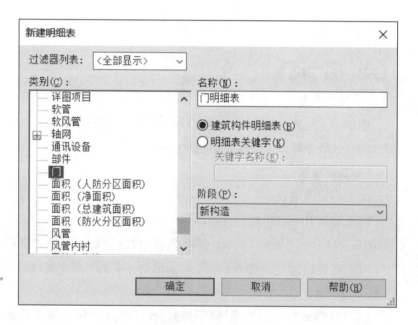

图 11.2.13 "新建明细表"
对话框

（6）在"项目浏览器"的"明细表/数量"中找到"门明细表"双击，弹出如图 11.2.17 所示的门明细表，选中表头"宽度"和"高度"右击，单击"使页眉成组"按钮。

（7）在合并的表头中输入"尺寸"，最后得到如图 11.2.18 所示的"门明细表"。

（8）窗、材料等的统计与门明细表相同，在此不再重复介绍。

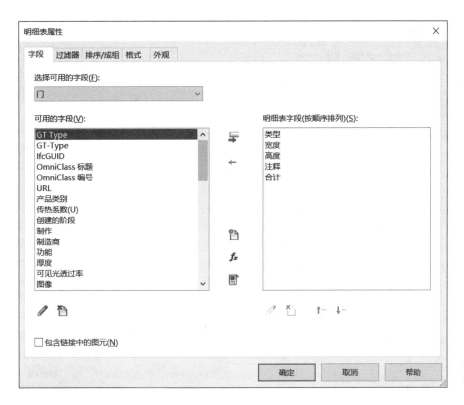

图 11.2.14 选择字段

图 11.2.15 排序/成组设置

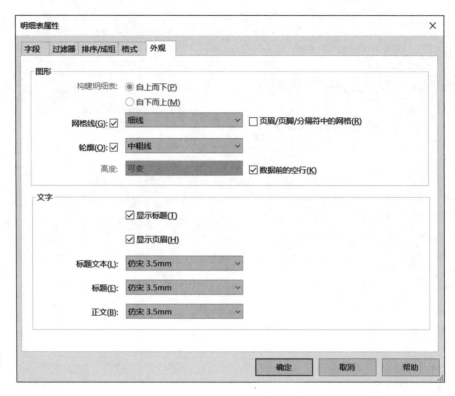

图 11.2.16　设置
明细表的外观

图 11.2.17　页眉
成组

〈门明细表〉				
A	B	C	D	E
	尺寸			
类型	宽度	高度	注释	合计
FM乙0618	600	1800		6
FM乙0618反	600	1800		1
FM乙0618反	600	1800		13
FM乙1024	1000	2400		1
FM乙1024反	1000	2400		2
FM乙1218	1200	1800		4
FM乙1524	1500	2400		3
FM乙1524	1500	2400		1
FM乙1524a	1500	2400		1
FM乙1524a反	1500	2400		3
FM乙1624	1600	2400		1
FM乙1624a	1600	2400		3
FM乙1824	1800	2400		2
FM乙1824a	1800	2400		1
FM乙1924	1900	2400		1
FM甲1024	1000	2400		5
FM甲1024反	1000	2400		1

图 11.2.18 门明细表

11.2.3 布置图纸

📖 **知识准备**

布置图纸：在 Revit 中，可使用"新建图纸"功能创建一张图纸，并将前面的各类视图、明细表布置到视图中，如图 11.2.19 所示。

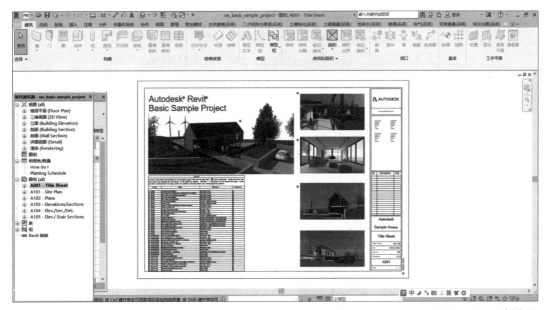

图 11.2.19 图纸布置

☞ 实训操作

完成图纸布置。

（1）启动 Revit 2018，打开前面操作的"××图书馆"项目文件，单击"视图"选项卡→"图纸组合"面板→"图纸"工具，新建图纸，如图 11.2.20 所示，单击"确定"按钮。

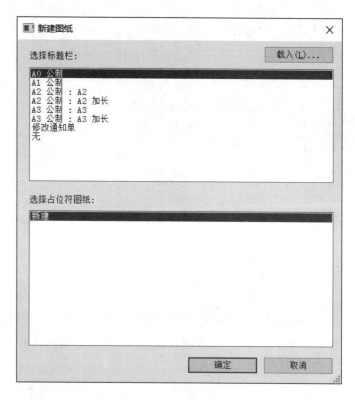

图 11.2.20　新建图纸

（2）在"项目浏览器"中找到"图纸"中新建的图纸，双击打开，在"属性"面板中输入相应的信息，如图 11.2.21 所示。

（3）将"项目浏览器"中的"1F 副本 1"视图选中，按住鼠标左键拖动到图框中，如图 11.2.22 所示。

（4）单击选中刚放入的视图的外框，"属性"面板显示"视口"属性，修改视图名称为："一层平面图"，图纸上的标题为"一层平面图"，如图 11.2.23 所示。

11.2.4　图纸打印和导出

📖 知识准备

导出图纸：在 Revit 中，可将布置好的图纸或视图导出成 DWG、DXF、DGN 及 SAT 等格式的 CAD 数据文件，以方便为使用 CAD 软件的设计人员提供数据。

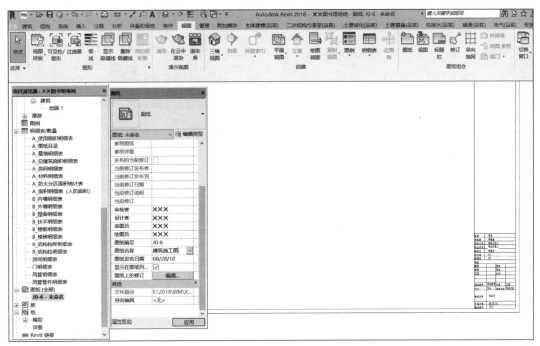

图 11.2.21 设置图纸属性

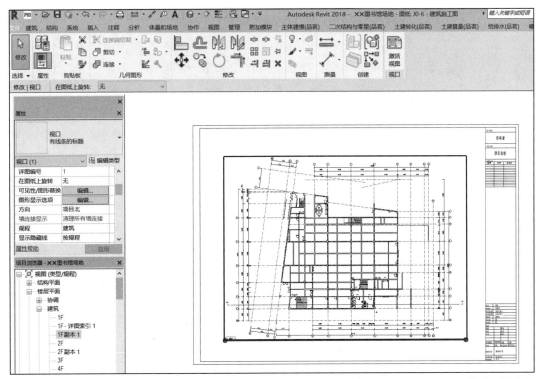

图 11.2.22 布置图纸内容

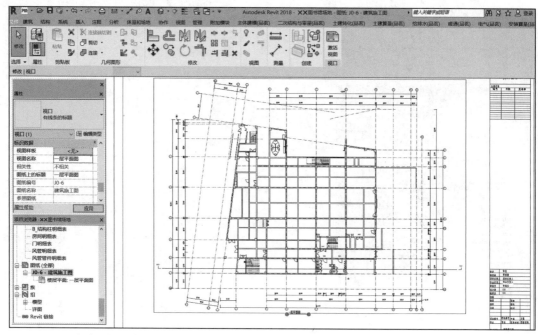

图 11.2.23 修改图纸上的标题

✍ 实训操作

将图纸导出为 DWG 格式文件。

（1）启动 Revit 2018，打开前面操作的"××图书馆"项目文件，双击前面新建的图纸，单击"文件"菜单→"导出"工具→"CAD 格式"选项→"DWG"按钮，如图 11.2.24 所示。

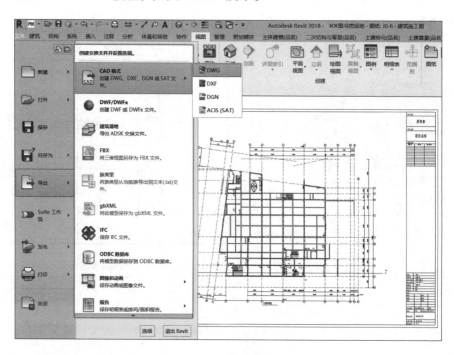

图 11.2.24 导出
DWG 格式

（2）弹出"DWG 导出"对话框，设置参数，如图 11.2.25 所示。

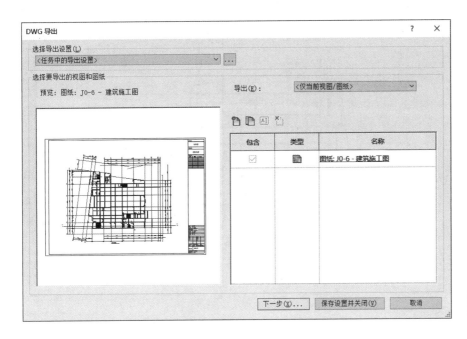

图 11.2.25　"DWG 导出"对话框

（3）弹出"保存"对话框，选择要保存的文件目录，选择文件类型，本例中使用"AutoCAD 2007 DWG 文件"，查看或修改文件名，单击"确定"按钮导出，如图 11.2.26 所示。

图 11.2.26　保存格式设置

（4）找到相应的保存文件，使用 CAD 软件打开文件，如图 11.2.27 所示。

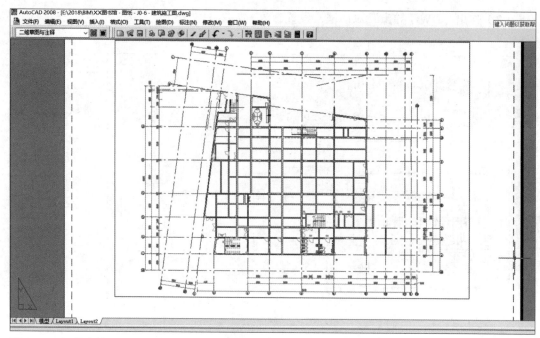

图 11.2.27　导出的 CAD 图纸

第 12 章　Revit 的族制作

12.1　族的基本概念

Autodesk Revit 中的所有图元都是基于族的。"族"是 Revit 中使用的一个功能强大的概念，是组成项目的构件，也是参数信息的载体，能轻松地管理数据和进行修改。每个族图元能够在其内定义多种类型，根据族创建者的设计，每种类型可以具有不同的尺寸、形状、材质设置或其他参数变量。

教学视频：Revit
的族制作

使用 Autodesk Revit 的一个优点是用户不必学习复杂的编程语言，便能够创建自己的构件族。使用族编辑器，整个族创建过程在预定义的样板中执行，可以根据用户的需要在族中加入各种参数，如距离、材质、可见性等。用户可以使用族编辑器创建现实生活中的建筑构件和图形 / 注释构件。

族编辑器是 Revit Architecture 中的一种图形编辑模式，使用户能够创建可载入到项目中的族。当开始创建族时，在族编辑器中打开要使用的样板。样板可以包括多个视图，例如平面视图和立面视图。族编辑器与 Revit Architecture 中的项目环境具有相同的外观和特征，但在各个设计栏选项卡中包括的命令不同。

12.2　族类型

Autodesk Revit 有 3 种族类型：系统族、可载入族和内建族。

1. 系统族

系统族是在 Revit 中预定义的族，只能在项目中进行创建和修改的族类型，例如建筑模型中的"墙""窗"和"门"。它们不能作为外部文件载入或创建，可以复制和修改现有系统族，可以通过指定新参数定义新的族类型，如图 12.2.1 所示。

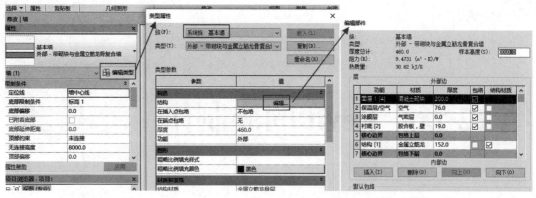

图 12.2.1　编辑系统族

2. 可载入族

在默认情况下，在项目样板中载入标准构件族，但更多标准构件族存储在构件库中，如图 12.2.2 所示。使用族编辑器创建和修改构件。可以复制和修改现有构件族，也可以根据各种族样板创建新的构件族。族样板可以是基于主体的样板，也可以是独立的样板。基于主体的族包括需要主体的构件。例如，以墙族为主体的门族。独立族包括柱、树和家具。族样板有助于创建和操作构件族。

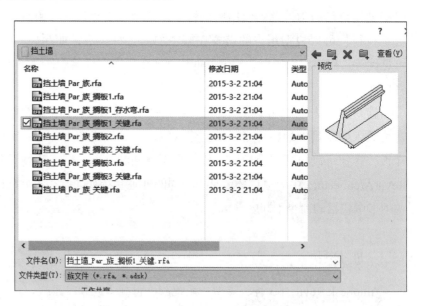

图 12.2.2　可载入族 - 挡土墙

3. 内建族

内建族可以是特定项目中的模型构件，也可以是注释构件。只能在当前项目中创建内建族，因此，它们仅可用于该项目特定的对象，例如，自定义墙的处理。创建内建族时，可以选择类别，且使用的类别将决定构件在项目中的外观和显示控制。

12.3　族样板

在创建族时，需要选择合适的族样板，Revit 软件自带族样板文件，样板文件均以 ".rft" 为后缀，不同的族样板拥有不同的特点，在文件中包含 "标题栏" "概念体量" "注释" 3 个子文件夹，用于创建相应的族；其他族样板用于创建构件，如栏杆、门、幕墙等，还有未规定使用用途的样板文件，如 "公制常规模型"，如图 12.3.1 所示。

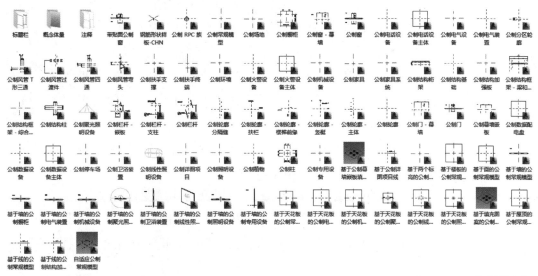

图 12.3.1　族样板文件

族样板以族在项目（或族）中的使用方法分类，可以分为以下 4 种。

（1）基于主体的样板：利用基于主体的样板所创建的族必须依附于某一特定的图元上，即只有存在相对应的主体，族才能够被安放于项目之中。

① 基于墙的样板。

② 基于天花板的样板。

③ 基于楼板的样板。

④ 基于屋顶的样板。

（2）基于线的样板：使用基于线的样板的族拥有的特点是，在项目中使用时，此类族均采用两次拾取的形式在项目中放置。

（3）基于面的样板：用于创建基于面的族，这类族在项目中使用时必须放置于某工作平面或者某实体的表面，不能单独放置于项目之中而不依附于任何平面或实体。

（4）独立样板：用于创建不依附于主体、线、面的族。利用独立样板所创建的族可以放置在项目中的任何位置，不受主体约束，使用方式灵活。

12.4　族创建

12.4.1　创建二维族

📖 知识准备

二维的构件族可以单独使用，也可以作为嵌套族在三维构件族中使用。轮廓族、详图构件族、注释族是 Revit MEP 中常用的二维族，它们有各自的创建样板。

（1）轮廓族：轮廓族用于绘制轮廓截面，在放样、放样融合等建模时作为放样界面使用。用轮廓族辅助建模可以使建模更加简单，用户可以替换轮廓族随时改变实体的形状。

（2）详图构件族和注释族主要用于绘制详图和注释，在项目环境中，它们主要用于平面俯视图的显示控制。

两者的区别：详图构件族不会随视图比例变化而改变显示的大小，注释族会随视图比例变化自动缩放显示；详图构件族可以附着在任何一个平面上，但是注释族只能附着在"楼层平面"视图的"参照标高"工作平面上。

✎ 实训操作

创建注释族 - 门标记族。

（1）启动 Revit 2018，单击左上角"文件"菜单→"新建"工具→"族"按钮，如图 12.4.1 所示。

（2）在弹出的"新族 - 选择样板文件"对话框中，双击"注释"文件，选择"公制门标记"族样板文件，单击"打开"按钮，如图 12.4.2 所示。

（3）切换到"创建"选项卡，在"文字"面板中单击"标签"工具，如图 12.4.3 所示。

（4）单击"标签"工具后，再单击视图中心位置，以此来确定标签位置，弹出"编辑标签"对话框，在"类别参数"下，选择"类型标记"，单击 ⇩ 按钮，将其添加到"标签参数"面板，设置"样例值"为门的参数，单击"确定"按钮，如图 12.4.4 所示。

（5）在"属性"面板中勾选"随构件旋转"选项，如图 12.4.5 所示。

（6）保存族并命名。

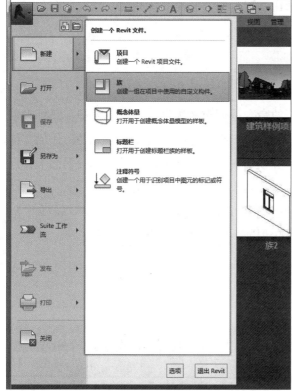

图 12.4.1　新建族

图 12.4.2　选择样板文件

图 12.4.3　选择标签

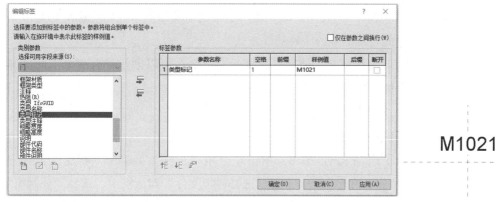

M1021

图 12.4.4　编辑标签

其他类型标记族的制作方法与门的制作方法相同，只要选取相对应的样板即可。

12.4.2　创建三维模型

📖 **知识准备**

创建三维模型最常用的命令是创建实体模型和空心模型，熟练掌握这些命令是创建三维模型的基础。在创建时需遵循的原则是：任何实体模型和空心模型都必须对齐锁定在参照平面上，通过在参照平面上标尺寸来驱动实体形状的改变。

在功能区"创建"选项卡中提供了"拉伸""融合""旋转""放样""放样融合"和"空心形状"的建模命令，如图 12.4.6 所示。

图 12.4.5　勾选随构件旋转

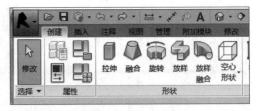

图 12.4.6　创建三维模型的命令

（1）拉伸："拉伸"命令是通过绘制一个封闭的拉伸端面并给予一个拉伸高度来建模的。

（2）融合："融合"命令可以将两个平行平面上的不同形状的端面进行融合建模。

（3）旋转："旋转"命令可创建围绕一根轴旋转而成的几何图形。可以绕一根轴旋转 360°，也可以只旋转 180°，或任意的角度。

（4）放样："放样"命令是用于创建需要绘制或应用轮廓形状并沿路径拉伸此轮廓的族的一种建模方式。

（5）放样融合：使用"放样融合"命令可以创建具有两个不同轮廓的融合体，然后沿路径对其进行放样。

🖉 **实训操作**

创建平开窗族。

（1）启动 Revit 2018，单击左上角"文件"菜单→"新建"工具→"族"按钮，在弹出的"新族 - 选择样板文件"对话框中，选择"公制窗"族样板文件，单击"打开"按钮，如图 12.4.7 所示。

图 12.4.7　选择样板文件

（2）在"项目浏览器"中打开"内部"视图，切换到"创建"选项卡，打开"工作平面"面板中的"设置"工具，弹出"工作平面"对话框，选择"参照平面：中心（前/后）"，最后单击"确定"按钮，如图 12.4.8 所示。

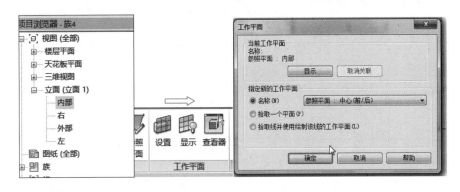

图 12.4.8　选择参照平面

（3）选择"拉伸"命令，在"绘制"面板中单击"矩形"□ 工具，沿着洞口绘制矩形轮廓，如图 12.4.9 所示。

（4）使用"偏移"□ 命令，按住 Tab 键，向里偏移，偏移量为 40（窗框架厚度）（另一种方法为继续使用"矩形"□ 工具，修改偏移量为－40，在原位置继续绘制矩形），接着使用"直线"工具绘制窗户横框，同样偏移量为 40，最后使用"拆分图元"□ 命令剪切掉多余的线段，单击"模式"面板中的"完成编辑模式"按钮确定，修改"属性"面板中的拉伸起点、终点、子类别，如图 12.4.10 所示。

（5）使用"拉伸"命令绘制窗扇，单击"矩形"□ 工具，沿着外窗框找中心点位置绘制，使用"偏移"□ 命令，按住 Tab 键，向里偏移，偏移

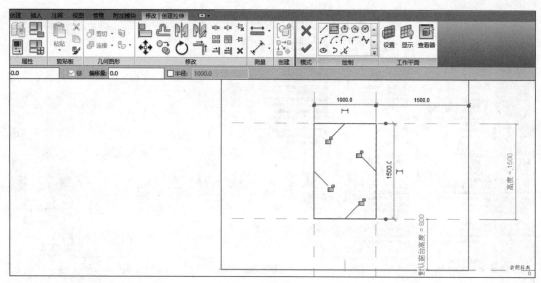

图 12.4.9　绘制矩形轮廓

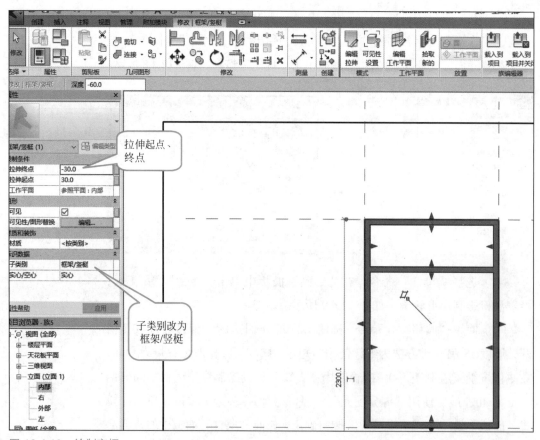

图 12.4.10　绘制窗框

量为 30（窗扇架厚度），再用"镜像" 命令绘制另一扇窗扇。修改"属性"面板中的拉伸起点、终点、子类别，如图 12.4.11 所示。

（6）使用"拉伸"命令绘制玻璃，单击"矩形" 工具绘制，修改"属性"面板中的拉伸起点为 5、终点为 −5、子类别为玻璃，单击"模式"面板中的"完成编辑模式"按钮确定，如图 12.4.12 所示。

图 12.4.11　绘制窗扇

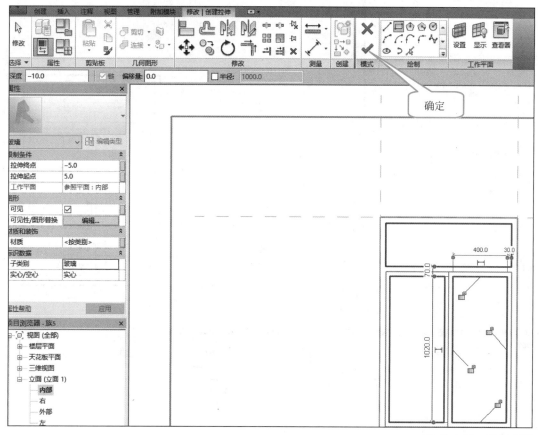

图 12.4.12　绘制玻璃

（7）绘制窗扇开启线：打开"注释"选项卡，单击详图中的"符号线"，选择"直线"工具，子类别选择"立面打开方向（投影）"，按图 12.4.13 所示绘制窗扇开启线。

（8）在"项目浏览器"中打开"楼层平面"视图，框选所有图元，单击"可见性设置"工具，弹出对话框，勾选前 / 后视图、左 / 右视图，如图 12.4.14 所示。

（9）打开"注释"选项卡，单击详图中的"符号线"，选取"直线"工具，子类别选取玻璃截面，在洞口位置添加平行线，再返回"注释"选项卡，选取"尺寸标注"面板中的"对齐" 工具，对刚刚添加的平行线进行标注，完成标注后，单击 EQ，做等分处理，如图 12.4.15 所示。

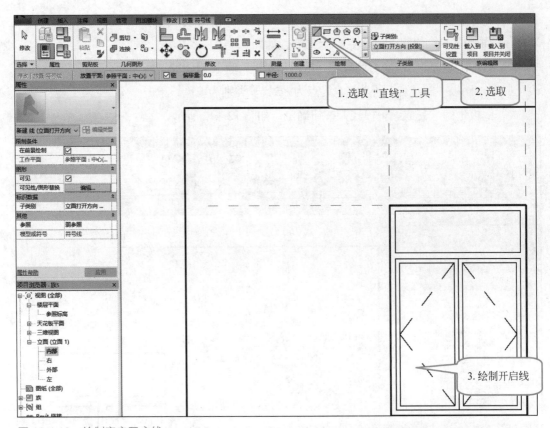

图 12.4.13 绘制窗扇开启线

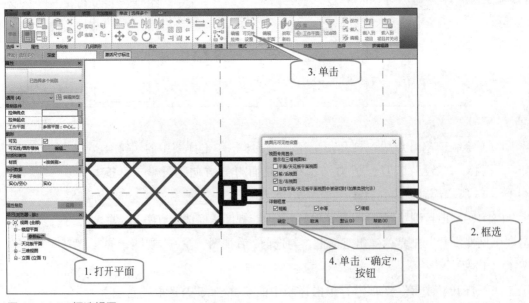

图 12.4.14 框选视图

（10）切换到三维视图，打开"属性"面板中的族类型，修改高度或者宽度，视图中若发生变化，则此族创建成功。

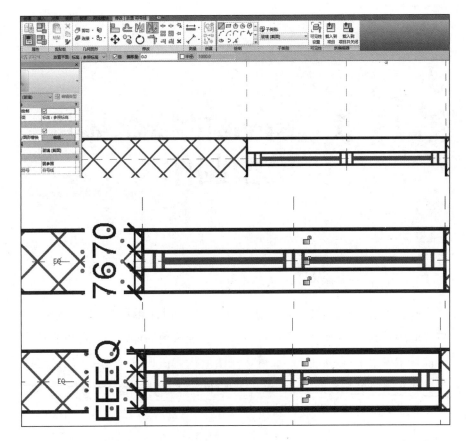

图 12.4.15　绘制玻璃截面

第 13 章　Revit 的概念体量模型制作

13.1　概念体量的基本知识

概念体量在 Revit 中也叫做概念设计，概念设计环境是一种族编辑器，主要应用于建筑概念及方案设计阶段，通过这种环境，用户可以直接操作设计中的点、线和面，形成可构建的形状。在其中，可以使用内建的和可载入的体量族来创建，如图 13.1.1 和图 13.1.2 所示。

创建体量的基本界面如图 13.1.3 所示。

　　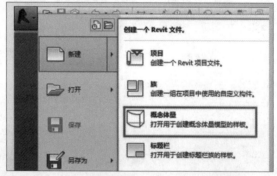

图 13.1.1　创建内置体量　　图 13.1.2　创建外部体量

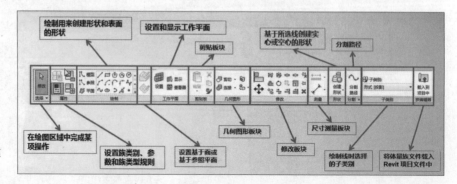

图 13.1.3　创建体量的基本界面

13.2　创建体量的方法

📖 知识准备

通过几何形状来创建各种需要的体量，几何形状种类：表面形状、拉伸、旋转、扫描、放样。

（1）表面形状：表面要基于开放的线或者边（非闭合轮廓）创建。创建过程如图 13.2.1 所示。

绘制线　　　　　　　选择线　　　　　　　创建形状

图 13.2.1　表面形状的创建过程

（2）拉伸：要基于闭合轮廓或者源自闭合轮廓的表面创建。创建过程如图 13.2.2 所示。

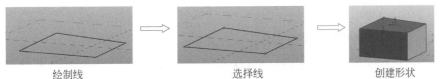

绘制线　　　　　　　选择线　　　　　　　创建形状

图 13.2.2　拉伸的创建过程

（3）旋转：基于绘制在同一工作平面上的线和二维形状创建线用于定义旋转轴，二维形状绕该轴旋转后形成三维形状。创建过程如图 13.2.3 所示。

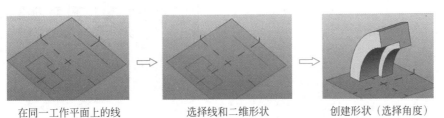

在同一工作平面上的线　　　选择线和二维形状　　　创建形状（选择角度）
和二维形状

图 13.2.3　旋转的创建过程

（4）扫描：基于沿某个路径扫描的二维轮廓创建。创建过程如图 13.2.4 所示。

（5）放样：基于多个二维轮廓进行放样创建形状。创建过程如图 13.2.5 所示。

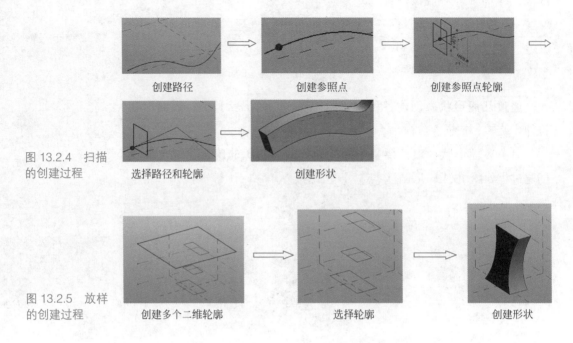

图 13.2.4　扫描的创建过程

创建路径　　　　　　创建参照点　　　　　　创建参照点轮廓

选择路径和轮廓　　　　　创建形状

图 13.2.5　放样的创建过程

创建多个二维轮廓　　　　　　选择轮廓　　　　　　　　创建形状

13.3　创建体量的案例

✒ 实训操作

创建不规则六边形概念体量。

（1）启动 Revit 2018，单击左上角"文件"菜单→"新建"工具→"概念体量"按钮，选择"公制体量"样板文件，单击"打开"按钮，如图 13.3.1 所示。

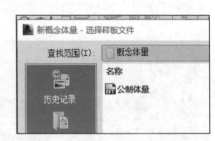

图 13.3.1　选择体量样板

（2）在视图中复制两条标高（或者按照创建标高方法在立面视图中创建两条标高），间距根据需要确定，如图 13.3.2 所示。

（3）使用绘制线分别在每一层创建六边形，并使用"旋转"工具进行旋转，如图 13.3.3 所示。

（4）按住 Ctrl 键选中每一层的六边形，单击"创建形状" 📄 按钮，得到如图 13.3.4 所示的效果。

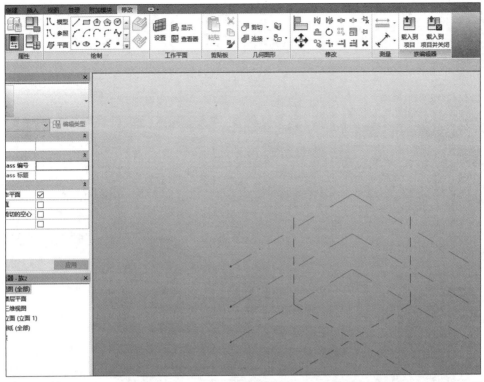

图 13.3.2　创建标高

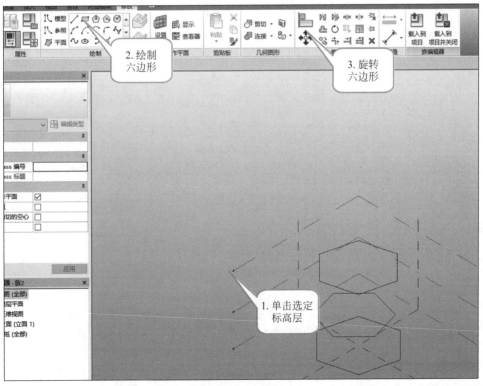

图 13.3.3　绘制六边形

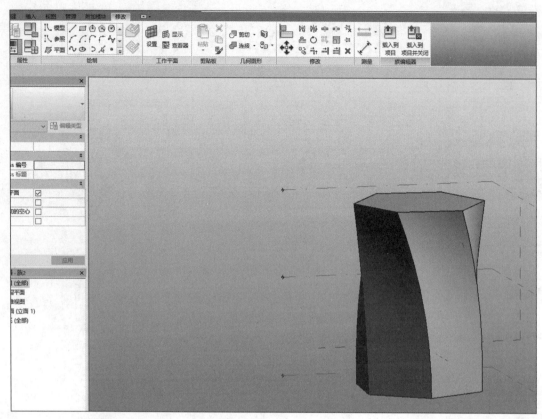

图 13.3.4　创建形状

参 考 文 献

[1] 李鑫 . 中文版 Revit 2016 完全自学教程 [M]. 北京：人民邮电出版社，2016.

[2] 刘孟良 . 建筑信息模型（BIM）Revit Architecture 2016 操作教程 [M]. 长沙：中南大学出版社，2016.

[3] 黄亚斌，徐钦 .Autodesk Revit 族详解 [M]. 北京：中国水利水电出版社，2013.

[4] 陆泽荣，叶雄进 .BIM 建模应用技术 [M]. 北京：中国建筑工业出版社，2018.

[5] 陆泽荣，刘占省 .BIM 技术概论 [M]. 北京：中国建筑工业出版社，2018.

[6] 鲍学英 .BIM 基础及实践教程 [M]. 北京：化学工业出版社，2016.

[7] 王金城，杨新新，刘保石 .Revit 2016/2017 参数化从入门到精通 [M]. 北京：机械工业出版社，2017.